你就是想得太多

NI JIU SHI XIANG DE TAI DUO

檀金 著

民主与建设出版社

图书在版编目（CIP）数据

你就是想得太多 / 檀金著. -- 北京：民主与建设

出版社, 2015.8（2019.5重印）

ISBN 978-7-5139-0734-7

Ⅰ.①你… Ⅱ.①檀… Ⅲ.①人生哲学—通俗读物

Ⅳ.①B821-49

中国版本图书馆CIP数据核字（2015）第198233号

出 版 人：许久文

责任编辑：李保华

整体设计：主语设计

出版发行：民主与建设出版社有限责任公司

电　　话：(010)59419778　　59417745

社　　址：北京市朝阳区阜通东大街融科望京中心B座601室

邮　　编：100102

印　　刷：固安县保利达印务有限公司

版　　次：2015年11月第1版　2019年5月第14次印刷

开　　本：16

印　　张：15

书　　号：ISBN 978-7-5139-0734-7

定　　价：35.00元

前 言

别想太多，真的没有什么用。曾经有一位学习语言的人说，以前的人也没有什么多媒体教学，学英语也能学好，能说一口纯正流利的英语，比现在很多人说的都要好。而现在的人们有了太多选择，多媒体教学、各种视频等的助力，反而学不好的却大有人在。究其原因可能是人的时间有限，没有时间浪费在那么多辅助学习上，不如一本教材书能够学得滚瓜烂熟。

现实中我们常常是因为自己平白无故地设想了很多问题，从而让自己变得忧心忡忡，不快乐，甚至于焦头烂额、无所适从，不知道自己存在的意义了。回过头会想，还不如就少想一些问题，只是想一件事，或者不去延伸问题，不去做无谓的想象。

比如说，不用担心明天到底会不会下雨，其实明天的班车会像往常一样，在同一时间出发。不用去想没钱了会怎么办？其实，亲人、朋友是你的支柱，只要你是健康的心态，通过自己的打拼，一切都会有的。不用去太过内疚和自责自己犯过的错误，因为很少人会关注别人的错误，人的遗忘超过了你的想象，很多时候你只是自己放不过自己。

……

总之在无关紧要的事情上要少想，尤其是那些让你不快的事情。人的大脑是一个处理器，有很多资料需要阅读处理，如果你老想一件事，它的记忆就会越深刻、越强化，而且你总是提及那些不好的事情、糟糕的事情，那么你的心情会受到影响，就很难快乐起来，进而行为也会受到影响，进而影响到你的工作和生活。

　　因此，我们要学会克服负面情绪，放下心灵包袱；少想些没用的，多想点有用的；减轻心灵负担、缓解焦虑压力，让自己变得更专注，更积极地去做事情，也让心理垃圾无处遁形，彻底消散。

　　其实想太多又会有什么用呢？高速发展的社会，每个人每天要处理很多事情，哪有时间用在空想和多想上面呢。你所遇见的很多事情，别人也也会遇到，况且每个人的问题，归根结底是要自己去处理的，要知道别人能够快乐生活，其实你也能，只要你怀着积极健康的心态去生活就好了。

　　当然，不可否认学习、工作、恋爱、生活中难免会遇到解决不了的事情或想不开的事情，这种时候不免提醒自己，静下来、缓一缓、换一种心态，内心里提醒自己少想一些，调整心态，换个角度想想问题，也可以运用瑜伽、冥想等方法来少思少虑少想一些问题。让自己能够排除杂念，多积累积极向上的能量。

　　别想太多，你会发现每件事都有自己的结局；别想太多，你会发现生活越来越简单而富足。

目　录
Contents

第二章　想法简单一点，没什么不好

第三章 别让"想得太多"毁了你

第四章 我也不希望想得太多，但总是控制不住

第五章　少想些没用的，多想点有用的

第六章　不迷茫于过去，才能够成就将来的自己

第七章　一切都是最好的安排

第八章　修养心灵，祛除不好的想法

第一章

你是否总是想得太多

想太多，让你成了问题先生

你想太多了。这句话很普通，但出现的频率很高。有时候我们还会埋怨别人，"你想太多了"。可是人难免不是以责人之心责己，于是便经常犯一个错误就是——想太多了。有时候明明知道自己想太多，但是不能控制自己，还得去想，有时候却不能自知，因为想太多成了问题先生。

问题是想出来的

好多问题都是想出来的，如果你改变想法，人生定会有大的改变。心理学家在一个班的学生中挑出一个最愚笨、最不招人喜爱的姑娘，并要求她的同学们改变以往对她的看法。在一个风和日丽的日子里，大家都争先恐后地照顾这位姑娘，向她献殷勤，送她回家。大家有意识地从心里认定她是一位漂亮、聪慧的姑娘。结果不到一年，这位姑娘竟然出落得很好，举止也同以前判若两人。她愉快地对人们说自己好比获得了新生。因为她改变了想法，不再去思考消极的事情。所以以前最愚笨、最不招人喜爱的姑娘不见了。

很多事情就是这样，你不能想太多，想太多放不下，只是你自己的修行不够而已。

有个故事说，一位老和尚和小和尚要过一条小河去拜访另外一个山上的高僧。他们到了河边的时候，刚刚下完雨，河里的水流比平时要急得多。河边有一位美丽少妇，大概是因为水流湍急，不敢过河。

老和尚便走过去，主动背那位姑娘过河。过了河，那位姑娘向老和尚表示了感谢就和他们道别了。接着，他们继续赶路。

等到他们拜访完那位得道高僧以后赶路回家的时候，小和尚不解地问那位老和尚："您经常教诲我们戒色，您为什么还要背那位姑娘过河？"

老和尚一愣，好像是想不起来的样子，过了会答道："我都已经放下了，你还没有放下吗？"无疑这个小和尚内心想了一路，困惑了一路，还没放下。但是老和尚几乎已经忘掉了，在老和尚心中，这事平常得不值得记忆，这只是日常行善而已。

再比如，去咖啡店等人，一想晚了要给对方不好的印象，便焦急得不行。可是当你到达的时候，对方却也晚了，告诉你两个半个小时后才能到。然后你在这两个小时内，认识了其他有趣的人，还看了一本书，不但担心没了，还收获颇多。

很多事情都是想出来的，不想就没有。做一个"庸人自扰之"的问题先生，一点也不好。所以做人不要去想太多。要去想也不要想那些让人焦虑的事情，只管想有意义的事情就好，本着一种积极的心态，少想多做、摒弃杂念去生活，你会发现更好的自己。

不要被他人的观点左右了自己

生活在这个世上的人，无论是谁，都会受到他人的观点影响，但是我们不能让别人的影响把自己变成问题先生。

诚然，多参考他人的观点才会少犯错，社会才会井然有序。毫无疑问，这是我们作为社会人的一个标志，我们不能够脱离社会而独立存在，我们当然不能不受其他人的影响。但我们也不能完全被外界所支配，"走自己的路，让他人去说吧"，是有一定的道理的。因为如果没有自己的见解，那么你做什么都会被束缚，无法随意思考、无法随意行动、内心受拘束……你可曾意识到，他人的观点已成为束缚某些人的手铐和脚镣？

为了既不束缚于常识又不误入歧途，我们必须拥有自己的"尺度"。我认为，"尺度"，即在遵守社会常识的前提下，独自做出不拘泥于常识之判断的指南，是用自己的方式解释万事万物的一种根据。

就像一个小品讲述的：新媳妇做面条拌面时，一会婆婆说稠，一会大姑子说稀，结果新媳妇不停地添水，添面粉，添水，添面粉……最后，面没做好，所有的人都晕了。怪谁呢？婆婆和大姑子都怪新媳妇呢。如果我们碰到类似问题，要首先从自己的身世去找原因。因为只有亲力亲为去做几次，才有可能知道什么是适度的，而不是听别人说如何如何。

禅语"冷暖自知"强调的就是实践的重要性。这句禅语的意思是说,放在容器中的水,我们仅仅靠目视并不能判断到底是"冷"还是"暖"。除了实际触摸或喝过以外,我们没有别的方法可以判断其"冷暖"。换言之,实践比思考更重要。

现代社会是一个信息社会,无论我们想获取多少"知识",都可以轻松得到。你要是想知道什么,只要去网上检索,多看看网友给出的各种观点,结合自己的实际情况就会知道。

至于是否马上得到准确的答案,可能有些是直接的,有些还需要一个理解和分析过程的。网络信息繁多、网友观点不一,这些都需要你自己保持清醒的头脑,不被迷惑、不被他人的错误观点所左右。

不必焦虑太多,好多名人和你一样

有研究显示,人的智商、天赋都是均衡的。有的人在未发现自己的才能时,往往不能把握自己的长处,学无成就,做无成果。这可能是因环境条件或形势的迫使而不能显示自己的才能。然后在坎坷中就忘却了自己要走下去的路途。其实,只要我们能够找到自己的长处,并坚定信心。那么我相信一定会有结果的。而且,有很多例子表明,那些名人和我们普通人一样,也会遇到过各种各样的问题,而且有有时候他们所面对的问题比我们面对的问题还要多。

达尔文在其《自传》中表明,自己的才能很平凡:"我的记忆范围很广,但是比较模糊。""我在想象上并不出众,也谈不上机智。因此，我是蹩脚的评论家。"他还对自己不能自如地用语言表达思想深感不满："我很难明晰而又简洁地表达自己的思想……我的智能有一个不可救药的弱点，使我对自己的见解和假说的原始表述不是错误就是不通畅。"伟大的马克思有许多天赋，但他在写给燕妮许多诗后，发现自己并不具备杰出的诗才，并作了深刻的自我解剖："模糊而不成形的感情，不自然，纯粹是从脑子里虚构出来的。现实和理想之间的完全对立、修辞上的斟酌代替了诗的意境。"作家朱自清也曾分析过自己缺乏小说才能的短处，在散文集《背影》自序中说："我写过诗，写过小说，写过散文。25岁以前，喜欢写诗，近几年诗情枯竭，搁笔已久……我觉得小说非常地难写，不用说长篇，就是短篇，那种经济的、严密的结构，我一辈子也写不出来。我不知道怎样处置我的材料，使它们各得其所。至于戏剧，我更始终不敢染指。我所写的大抵还是散文多。"

现在，是不是迷惘和犯错时，能够让自己的心理平衡，不再焦虑自己是这不会那不会的lower。

其实，每个人都具有自己的某种优势，都有适合自己的工作、事业。同时，人不是完人，不可能在每个领域都十分突出，有时候甚至缺陷十分明显。不同的人，身体素质、情商、智商等必然千差万别。有的多条理，善于分析；有的多灵气，富有幻想；有的擅巧计，能于谋略；有的富形象，善于表演。只要比较准确或大致对应地找到自己的成功目标或方向，我们的机遇或早或晚、或近或远都会到来。

只要少一些焦虑，多一些坚定的想法，认准自己的目标，一件事一件事的去解决，就会发现自己与众不同，也有能够大放光彩的一面。

你总是幻想得太多，却行动得太少

很多时候你感到自己拥有万丈豪情、鸿鹄壮志，但往往事与愿违，甚至是一事无成。究其原因，可能是你幻想得太多，却行动得太少。

当你专注于自己真心想做的事情时，你必须先将你以前所说过的话、做过的事放在一边，自己切断后路。从现在开始，只剩下你和你的梦想，你已经不能走回头路了。就像你刚凭借一根马上要断裂的蔓藤越过山谷一样，现在的你已经没有后路可退，你已经站在山谷的另一边，接下来要面对的是：你该采取怎样的行动来完成你的梦想。

如果你将"如何"完成你的梦想和"什么"是你的梦想混为一谈，那么你将注定此生平庸，永远都难以将你所欲求的变成现实。因为这个"如何"将会一直打击你，并阻碍"什么"的完成，最后你将失去尝试和跨出下一步的勇气和信心。

有一位名叫西尔维亚的美国女孩，她的父亲是波士顿有名的整形外科医生，母亲在一家声誉很高的大学担任教授。她的家庭对她有很大的帮助和支持，她完全有机会实现自己的理想。她从念中学的时候起，就一直梦寐以求地想当电视节目的主持人。她觉得自己具有这方面的才干，因为每当她和别人相处时，即使是生人也都愿意亲近她并和她长谈。她知道怎样从人家嘴里"掏出心里话"。她的朋友们称她是他们的"亲密的随身精神医生"。她自己常说："只要有人愿给我一次做电视节目主持人的机会，我相信一定能成功。"

但是，她为达到这个理想而做了些什么呢？其实什么也没有！她在等待奇迹出现，希望一下子就当上电视节目的主持人。

西尔维亚不切实际地期待着，结果什么奇迹也没有出现。

谁也不会请一个毫无经验的人去担任电视节目主持人。而且节目的主管也没有兴趣跑到外面去搜寻天才，都是别人去找他们。

另一个名叫辛迪的女孩却实现了西尔维亚的理想，成了著名的电视节目主持人。辛迪之所以会成功，就是因为她知道，"天下没有免费的午餐"，一切成功都要靠自己的努力去争取。她不像西尔维亚那样有可靠的经济来源，所以没有白白地等待机会出现。她白天去做工，晚上在大学的舞台艺术系上夜校。毕业之后，她开始谋职，跑遍了洛杉矶每一个广播电台和电视台。但是，每个地方的经理对她的答复都差不多："不是已经有几年经验的人，我们是不会雇用的。"

但是，她不愿意退缩，也没有等待机会，而是走出去寻找机会。她一连几个月阅读广播电视方面的杂志，最后终于看到一则招聘广告：北达科他州有一家很小的电视台招聘一名预报天气的女孩子。

辛迪是加州人，不喜欢北方。但是，有没有阳光，是不是下雨都没有关系，她希望找到一份和电视有关的职业，干什么都行！她抓住这个工作机会，动身到北达科他州。

辛迪在那里工作了两年，最后在洛杉矶的电视台找到了一份工作。又过了5年，她终于得到提升，成为她梦想已久的节目主持人。

西尔维亚那种失败者的思路和辛迪的成功者的观点正好背道而驰。分歧点就是：西尔维亚在10年当中，一直停留在幻想上，坐等机会；而辛迪则是采取行动，最后，终于实现了梦想。和西尔维亚相比，显然不去空想只去找办法实践的辛迪是我们学习的榜样。

选择太多，需要放弃的也多

曾经有一个故事，说的是，有位智者让他的徒弟们去找最大的麦穗，结果徒弟们穿过一片麦田，几乎都是两手空空而归。因为他们不知道哪一个才是最大的。我们经常要面临很多选择，就像很多网购的人，之所以自嘲自己是剁手族，那是因为一上网购站便觉得"这个也好看，那个也不错，这个便宜，那个款式新……"最后都放到购物车里，这就是不知道如何抉择造成的。

给自己定位，明确好人生方向

我们知道买再多的鞋子，平时都只能穿一双。其实人生也一样，很多时候你只能够选一个方向。所以，我们必须要为自己定好位，选好方向。

例如，著名的史学家方国瑜，他小时除刻苦攻读学堂课程外，还利用节假日跟从和德谦先生专攻诗词。他钦佩李白、羡慕苏轼，企望自己有朝一日也能成为一名诗人。但一晃六七年过去了，他却始终未能写出一篇像样的诗词。1923年，他赴京求学，临行时和德谦先生诵王阮亭"诗有别才非关学也，诗有别趣非关理也"之句以赠，指出他生性质朴，缺乏"才""趣"，不能成为诗人，但如能勉力，"学理"可就，将能成为一个学人。方国瑜铭记导师之言，到京后，师从名家，几载治史，小有成就。后来，他著成《广韵声汇》和《困学斋杂著五种》两本书。从此他更加立定志向，终生于祖国史学研究。

　　给自己定位，不是死硬的强求，而是认识到自己的不足，发挥自己的专长的一种变通。

　　人首先应该给自己一个明确定位，自己到这个世界上来究竟是干什么的，必须有个十分清晰的描述。离开了这个描述，人就会迷茫，就会失去前进的方向，就会在一个个十字路口徘徊，这样的人生是没有意义的。

　　研究自己的目的是为了更清楚地认识自己，找到与自己的素质相对应的目标，凭着自己素质上的信号找到这一目标后，才能心无旁骛攻其一点，取得进展，由此及彼，不断扩大。

　　"认识你自己"被公认为希腊哲人最高智慧的结晶。一个不断经由认识自己、批判自己最终改造自己的人，智慧才有可能渐趋圆熟而迈向充满机遇之路。也能够避免很多人生不必要的麻烦，活出一个通透的自己来。

不思八九，常想一二

民国元老于右任老先生，一生饱经沧桑，却能淡泊宁静，荣辱自安。他的高寿养生之道，就是悬挂在客厅中的一副对联："不思八九，常想一二"。横批："如意"。

人生数十年如一日，苦是一日，乐也是一日。一个乐观的人，可以把不如意的事看成是上天最美的恩赐。人生不如意事十有八九，要如意，何不"不思八九，常想一二"，多接受正面积极的信息呢？其实不管是做什么，都应该摒弃一些多余的思想，只留下自己一心想要达到的目的。

向好的方面看，好的情绪就会有好的导向，促成事情往好的结果发展。

有一个关于古代书生考科举的故事。这一年，有个书生已是第三次进京赶考，住在一个经常住的店里。临考试的前一天晚上，他做了3个梦：第一个梦是梦到自己在墙上种白菜；第二个梦是下雨天，他戴了斗笠还打伞；第三个梦是梦到跟心爱的表妹脱光了衣服躺在一起，但是背靠着背。

这三个梦刚好发生在要考试的前一天，而且又梦得很清晰，似乎有什么寓意。第二天一早，书生马上去找会算命之人解梦。算命的人一听，连拍大腿说："请恕我直言，客官您这次考试不去也罢。"书生忙问为什么，算命的人说："您梦到在高墙上种菜，这不是白忙活吗？戴着斗笠打雨伞,不是多此一举吗?跟心爱的表妹都脱光了躺在一张床上,却背靠着背,不是没戏吗?"

书生听后,心灰意冷,很沮丧地开始收拾行囊,准备回家再苦读3年,希望自己下次会有好运气。正当他打点行装的时候,客店老板走过来问他:"您是来赶考的士子吧,不是明天才考试吗?怎么今天就要回乡了?"

书生便将昨晚做的梦以及今天算命之人的解梦告诉了老板。老板听后,沉吟一阵,对书生说:"您这样想就错了,我倒觉得您这一次务必要留下来。"书生又问为什么,老板说:"我也学过解梦,让我给你解解看。墙上种菜不是高中(种)吗?戴着斗笠打雨伞不是有备无患吗?跟你表妹脱光了衣服背靠背躺在床上,不是说明你翻身的时候就要到了吗?"

书生听后,精神振奋,信心大增地参加了考试,果然进士及第。

这个故事看完,我们会觉得书生应该感谢店老板的提醒,也让我们进一步感悟到自己,是不是很多时候也是这样的,如果不去考虑、忧心那些不好的、阻碍成功的想法,只朝会成功的目标迈进,那么原先想过的麻烦事情,可能都不会发生。所以,在做一件事情的时候,我们不妨摒弃其他的杂念只是一心做一件事就好。

失去就失去,别给自己添堵

很多的烦心事都是自己找的,一个人不让自己烦恼,别人很难让他烦恼，让他生气。

一次，美国总统罗斯福家中失盗，被偷去了许多东西，一位朋友闻讯后，忙写信安慰他，劝他不必太在意。罗斯福给朋友写了一封回信："亲爱的朋友，谢谢你来信安慰我，我现在很平安。感谢上帝！因为：第一，贼偷去的是我的东西，而没有伤害我的生命；第二，贼只偷去我部分东西，而不是全部；第三，最值得庆幸的是，做贼的是他，而不是我。"

失盗本来就是不幸的事了，如果因此生气、伤心或者埋怨，只能让烦恼雪上加霜。然而，罗斯福将这件事当作一件好事，并找出三条感恩的理由，这无疑是一种常人难以企及的境界。

这样的理由其实也可以用到情感方面。好多人失恋以后，便感觉到天也变了，地也变了，要死要活的，找不到自己。

当然遇到大的变故，适当的情绪发泄，也没有什么不妥当的。但是不能过头。想想人的一生，活着的时间也就那么几万天，快乐过也是一天，郁闷过也是一天。所以说，不光是失去什么东西，即使遇到更大的人生变故，也要找到自我化解的方法，一定不能给自己添堵。无论遇到什么变故都要懂得放弃。这样才能够不为打翻的牛奶瓶而哭泣。

面对选择应"随处做主，立处皆真"

"随处做主，立处皆真"是佛家在《金刚经》里的一句话，意思是说不要随顺自己的各种烦恼，看世相的时候能够知晓它的缘生缘灭，内心不那么执着、不起妄念、不贪嗔，能够勇敢担当，做好一己的本分，不为外界的烦恼而困扰，不因流言蜚语而困惑，这便是"随处做主，立处皆真"。若能随处做主，处处都是真的。

无论什么场合，我们都会面临难以选择的局面。比如在选择工作时，"这里的前景好像不错""这家公司的条件不错呀""要是按兴趣选择的话，这家更好""如果考虑薪资的话，这家也不错"……

由于选择项过多，我们迷失了方向，对自己的判断力失去了信心，进而不知道自己到底是去做什么好呢。本来，我们在选择工作的时候，"自己想做什么"才是最关键的考虑因素。因为选择什么样的工作与"如何生活下去"密切相关。

过多信息的涌现，使我们无法辨别什么才是"自己想做的事情"和"自己喜欢的生活方式"。这种情况，谁都会遇到，人生中所要面临的选择太多了。而如何避免这种情况，或者说做到最佳的选择，这就需要我们用心和专注。用心就是好好思考，问自己到底需要的是什么。专注就是选择以后一心一意去面对，去做好。这样的话，不论在何时，身处何地，你都能成为自己的主人。这便是"随处做主，立处皆真"在今天的运用。

目标不清楚，会轻易放弃

目标的作用不仅是界定追求的最终结果，它在整个人生旅途中都能起关键作用。目标是成功的动力。

目标为我们提供了一种自我评估的重要手段。如果你的目标是具体的，是看得见、摸得着的，你就可以根据自己距离最终目标有多远来衡量目前取得的进步。

1952年7月4日清晨，加利福尼亚海岸下起了浓雾。在海岸以西21英里的卡塔林纳岛上，一个43岁的女人准备从太平洋游向加州海岸。她叫费罗伦丝·查德威克。

那天早晨，雾很大，海水冻得她身体发麻，她几乎看不到护送他的船。时间一个小时一个小时的过去，千千万万人在电视机前观看着。有几次，鲨鱼靠近她了，被人开枪吓跑了。

15小时之后，她又累又冷，冻得发麻。她知道自己不能再游了，就叫人拉她上船。她的母亲和教练在另一条船上。他们都告诉她海岸很近了，叫她不要放弃。但她朝加州海岸望去，除了浓雾什么也看不到。

人们拉她上船的地点，离加州海岸只有半英里！后来她说，令她半途而废的不是疲劳，也不是寒冷，而是因为她在浓雾中看不到目标。查德威克小姐一生中就只有这一次没有坚持到底。后来，过了一段时间后，她清楚了目标的重要性，14个小时不到就游过了海峡。

不管何时目标都是催人上进，给人动力的。有时候目标超过了预期或者不明确，就会打击实施者的积极性，从而轻易地放弃，忘掉了初衷，以至于以前的努力都前功尽弃。

还有一点很重要，你的目标必须是具体的，可以实现的。如果计划不具体——无法衡量是否实现了，那反而会降低你的积极性。

正如18世纪发明家与政治家富兰克林在自传中所说："我总认为一个能力很一般的人，如果有个好计划，是会大有作为的。"

多余的担忧、抱怨有什么用

曾经有一位儿子问自己的妈妈，为什么我们是穷人呢？妈妈说，因为你的父亲从来没有做富翁的念头。现实中的人们是不是也有整天沉浸在自己是穷人，日子没法过当中，却从来没有想过怎么样才能去做一个富翁，怎样去解决面临的困难。多余的担心、抱怨确实没用，想到问题就去解决，才是王道。

别为自己的长相而烦恼

很多人为自己的长相而烦恼，其实这又有什么可以烦恼的呢？据说，菲律宾曾有一个叫罗慕洛的外长，由于身材矮小，曾自惭形秽。为了不被别人歧视，他经常穿高跟鞋走路。但是他毕竟只有一米六左右的身高，穿上高跟鞋又能有多高？这样做的结果，只能是引来更多人的嘲笑。

人的相貌都是天生的，既然没有机会去选择，洒脱一点岂不更好？终于有一天，罗慕洛意外得知自己的身高超过拿破仑，之前他对于身高的烦恼全都消失了。他开始勇敢地面对现实，脱下高跟鞋，发誓永不再穿了。

当罗慕洛不再计较自己的身高之后，便把全部精力用在了工作上，最终取得了令人瞩目的成就，成为著名的政治活动家、联合国的发起人之一。

当有人问他为什么不再为身高生气时，罗慕洛坦率地说："如果我长得高大英俊，那我讲出的话不管多有水平，人们都会认为是理所当然的。但是我现在其貌不扬，别人很容易认为我没有什么水平，这时候我再讲出有水平的话，别人就会大感意外，对我刮目相看了。"

生活中，人人都有缺陷，事事都不完美。如果做人做事都追求完美，就无异于自寻烦恼、自讨苦吃。维纳斯的雕像是一件不寻常的杰作，它在古代西方艺术史上占有重要的地位。这座雕像之所以能有如此巨大的魅力，就是因为那残缺的双臂，给人留下了充分的想象空间，彰显出一种神秘感，透出摄人心魄的缺憾美。

承认自己的缺陷和不完美，接纳自己的缺陷和不完美，这是一个成熟的人该有的智慧。事实上，每个人都是不完美的，谁都有一些短板，但过分的求全，想要完美，甚至不惜代价、竭力伪装不但会活得很累，有些时候还会弄巧成拙，造成不必要的损失和伤害。

邋遢的人，内心比较自由，能够在杂乱中活出一丝轻松；胆小的人遵法守纪能够避免很多横祸，一辈子少经些风浪；直性子的人，有话就说，好相处……而长相作为一个人天生的特点，很少有人会因为这个评论别人的。

所以说，要幸福，就要学会自我接纳。不因自身的不完美而烦恼，不因自身的长处而骄傲，坦然接受现实中的自己就好。

绝对的完美是不存在的

有这样一个笑话，说的是一个男人来到一家婚姻介绍所找对象。进门后，男人看见面前有两扇小门，一扇上写着"美丽的"，另一扇上写着"不太美丽的"；男人推开"美丽"的门，面前又是两扇门，一扇上写着"年轻的"，另一扇上写着"不太年轻的"；男人推开了"年轻"的门，面前又有两扇门，一扇上是"聪明的"，一扇上是"不太聪明的"……就这样一路走下去，男人先后推开了8道门。当他来到最后一道门前时，门上只写着一行字：您喜欢的女人过于完美了，还是到天上去找吧。

这个笑话说明一个道理：世界上没有十全十美的人，也没有绝对完美的事。因此，我们不要过分追求完美，尤其是对于自身的相貌。

有个樵夫在山上砍柴时捡到了一块很大很漂亮的玉，他非常喜欢。但是，让樵夫觉得可惜的是，这块玉上面有一些小瑕疵。樵夫心想，如果能把这些小瑕疵去掉的话，这块玉就完美无瑕了，到时候就会非常值钱了。于是，他把玉敲掉了一个小角，但是瑕疵仍在；再去掉一角，瑕疵依然有……最后，瑕疵是被去掉了，玉也被敲得支离破碎了。

爱美是人的一种天性，人也正是在这种爱美之心的驱使下，不断完善自己，使镜子中的那个人看起来越来越好。但凡事都要适度，如果你对长相上的缺陷耿耿于怀或者暗自生气，就大可不必了。要知道，完美只是一句极具诱惑力的口号，是一个漂亮的陷阱。既然如此，不妨少一些对完美的苛求，这样也会少一些担心和忧虑。

你抱怨的烦恼都会消失

我们的绝大部分烦恼、不安和担心都源自人际关系。同事关系、邻里关系、同学关系、朋友关系、家人关系、兄弟姐妹关系、亲戚关系……在错综复杂的人际关系网中生存的我们，一旦某一层关系出现问题，就会令人陷入烦恼和不安之中。

"和那位上司脾气不和。无论我怎么努力，未来也是一片渺茫……"

"这位同事看上去像个好人，其实是一个信不过的人。"

"隔壁的大婶，感觉总是躲着我……"

总之，一旦你变得消沉，就难以变回积极。通常情况下，会一再懈怠下去，随着时间的推移，负面感情会越酿越浓。其实，你要是一回想，无非是一些小问题累积在你心里，形成了一个巨大的障碍。实际上，无论是上司还是朋友，他们对你并没有做什么很不好的事情。放在别人身上，你可能觉得都是小事。只不过你是被当时的负面情绪刺激，只看到了对方的某一面。

就像是上学时，听到某位老师很严厉，等你上他的课时，便会非常小心。又比如，工作时，与新工作搭档首次见面前，打听周围人对这个人的评价："据说那个人不好侍候。对了，明天就见到他了。这下麻烦大了，唉，希望一切顺利吧！"然后，你也会抱有同样的态度，不好侍候的"人物印象"已在你的心中扎根。如此一来，第二天的面谈会如何，也就不难想象了。即使那位老师其实只是对顽劣的学生态度不好，新来的搭档只是无意中得罪过别人，但你还是会以先入之见去对待他。而这样做的结果，便是有可能你永远不能发现别人的另外一面。

毫无疑问，仅仅凭借一些"信息"或自己的片面看法，就以厌烦的情绪和消极的态度否定对方的所有方面，肯定会错判一个人。如果能发现对方的另一面，与你相处不融洽的上司会变成虽严厉但重视你的上司，无法信任的朋友会变成虽大大咧咧但值得你爱的人，总是躲着你的隔壁大婶会变成虽有些保守但十分善良的大婶。在你眼里，他们个个都是"好人"。这样一来，你的烦恼也会荡然无存了。

一位哲人说过："生活是不公平的，你要去适应它。"如果你对现状不满意，就积极地改变它，用你认为对的方式表达你的意见和抱负，这样你会发现更美的一片天。

抱怨对工作百害而无一益

有个人，整天对人抱怨自己的工作有多糟糕。有一次，他又向一位智者诉起苦来："你知道的，世界上再没有比工作更折磨人的事情了。"接下来自然又是一大堆的抱怨。

"请原谅，"智者打断他的话说，"据我所知，工作可不像您说的那样，它并非是一件苦差事。"

"你在说什么呀？"这位满腹牢骚的先生叫了起来，"工作可不就是件苦差事吗？"

"你错了，"智者静静地看着他，接着说，"工作应该是一种幸福的差事，我们有什么理由把它当作苦役呢？"

"是吗？也许你的工作是那样。"这可怜的人苦笑道，"可是我的工作太枯燥了，我实在感觉不到有什么幸福可言！"

"你又错了，"智者认真地分析说，"其实，问题并不是出在工作上，而是出在你自己身上。如果你本身不能热情地对待工作，那么即使让你做自己喜欢的工作，一个月后你依然会觉得它乏味至极。"

那位先生若有所悟，开始静下心来认真思考关于工作热情的问题。

当然更不要在同事之间抱怨，抱怨让你的同事会很难忍受。而且很难让同事对你完全放心，想要建立的良好关系就会在不知不觉中受到阻挠，你的抱怨不停地在毁坏这种关系，就像是往即将收获的麦田里下雹子一样不合时宜。抱怨者的本意可能是想让别人替自己打开一扇门，效果却是敦促别人把那扇本来为你敞开着的窗也关闭了。这样一来，更不利于工作的展开。

其实，工作并不只是谋生的手段。当我们把它看作一种快乐的使命，并投入自己的热情时，上班就不再是一件苦差事。

工作是为了自己更快乐！做快乐而又成功的工作，是一件多么合算的事啊！

爱默生曾说："有史以来，没有任何一件伟大的事业不是因为热情而成功的。"

抱怨者在抱怨之后，没有宣泄自己的灰色心情，只是渲染加重了这一点，而且还浪费了时间。抱怨不是缓解压力、解卸包袱，而是在往自己脖颈上套枷锁，让自己重新陷入一种臆想的抱怨泥潭之中。

可见，抱怨只是一种消极的人生态度，无异于在给人表演自己的无能，消极地表达自己的无能，是在有意无意中渲染着自己的软弱。

所以说抱怨不仅仅对工作无益处，对你的生活也没有半点好处。

第二章

想法简单一点，没什么不好

你简单世界就简单

　　你简单世界就简单，这并不是一个简单的口号，而是好多人得出的真理。可能很多人都听说过，有一个父亲，因为儿子吵闹，将一个世界地图剪碎，交给儿子拼版。儿子只有几岁。他以为至少儿子会用两三个小时，直到他干完手上的话才能够完成，可是儿子却在几分钟内，全部做完。因为世界地图的背面是个人的头像。其实这也是说明了，我们每个人的世界都是自己内心的映照，我们所面临的困难都是自己对待世界的一种心态。再怎么复杂的事情如果你能够简单对待，也就不会那么难了。

用最简单的那个方法解决问题

　　14世纪英格兰圣方济各会的修士威廉，曾在巴黎大学和牛津大学学习，他知识渊博，能言善辩，被人称为"驳不倒的博士"。他提出了一个

"奥卡姆剃刀"的原理，其大意是：大自然不做任何多余的事。如果你有两个原理，它们都能解释客观事实，那么你应该使用简单的那个，因为最简单的解释往往比复杂的解释更正确；如果你有两个类似的解决方案，选择最简单的、需要最少假设的解释最有可能是正确的。如果用一句话来解释"奥卡姆剃刀"原理的话，就是"把烦琐累赘一刀砍掉，让事情保持简单。"

"奥卡姆剃刀"理论问世以后，成就了一个又一个杰出的科学家，如哥白尼、牛顿、爱因斯坦等，都是在"削"去理论或客观事实上的累赘之后，才"剃"出了精炼得无法再精练的科学结论。

通用电气公司的韦尔奇是商界传奇人物，被众多媒体誉为"20世纪最伟大的CEO""全球第一职业经理人"。他也是深得威廉的真传，提出了"成功属于精简敏捷的组织"的管理思想，用一把锐利的剃刀剪去了通用电气身上背负了很久的复杂、臃肿、官僚等弊病，使得通用电器公司能够在短短20年时间，从一个痼疾丛生的超大企业变成一个健康高效、活力四射、充满竞争力的企业巨人。

经过数百年的岁月沧桑，"奥卡姆剃刀"早已超越了原来狭窄的领域，具有更广泛、丰富和深刻的意义。如果在生活中，我们能勇敢地拿起"奥卡姆剃刀"，以简单的心态做人，去繁就简，把复杂事情简单化，你就会发现心情变轻松，心中变坦然，距离成功已很近。

简单是智慧的活法

在这个纷繁复杂的社会中，我们有时感到活得实在太累了。一道道人生难题摆在我们的面前，需要我们去破译，去求证，去解答……一个人的智慧和力量毕竟是有限的，面对一张张生活的大网和一团团乱麻似的人生，我们往往显得力不从心，甚至有一种"贫血"的感觉。

其实，人生本来有很多种选择，也有很多种活法，我们却往往过于追求完美，把原本很简单的事情搞得复杂化，因而常常被弄得很苦很累很浮躁。比如说，同是生命的个体，本是相互平等，却非要仰人鼻息，察人脸色，揣人心事，日子过得诚惶诚恐、没滋没味。本来是很容易处理的一件事，却总是谨慎有余，小心翼翼，生怕因此触动了那张敏感的关系网。一次又一次，面临人生途中的一些选择，我们本不需要动太多脑筋，却非得瞻前顾后。左顾右盼一番不可，结果丧失了最佳时机，到头来后悔不迭……

因此，我们不妨简单一些。生活对每个人都是公平的，有得就有失，有失就有得，得与失是可以相互转化的。只要拥有一颗平常心，去善待生活中的不平事，与世无争，知足常乐，少一分嫉妒，多留一些时间和精力做自己喜欢的事，命运的光环自然会降落在你的头上。

即使命不由人，也不必斤斤计较，你走你的阳光道，我过我的独木桥，你有你的活法，我有我的活法，眼睛里何必揉进一颗难受的沙子。抛去名利，放开权欲，用简单的心度过轻松而快乐的人生。若干年后，当我们回味起往事，就不会感到寂寞，不会牢骚满腹、怨天尤人。

在是非面前，我们也不妨简单一些。社会是一盘杂菜，什么货色都有，个中是非众人自有公论，道德自有评价。对此，我们不必去理会谁在背后说人，谁在人前被人说，也不必理会谁投来的一抹轻蔑，谁射过来的一瞥白眼。对那些微妙的人际关系，我们不妨视而不见，充耳不闻，排除一切有形或者无形的干扰，不去计较自己是吃了亏还是占了便宜。只要拥有一颗正直的心，忧国之所忧，想己之所想，不损国家，不谋私利，把家与国统一起来，我们心中的阴霾就会一扫而空，心境也会因此变得日益明朗和愉快起来。

在待人处世方面，我们也不妨简单一些。我们总是生活在一定的社会环境中，每天都要和各种各样的人打交道。对家人，对同事，对邻居，对朋友，其交往的程度还是平淡一点好。君子之交淡如水，何必纠缠于那些不胜其烦的繁文缛节上。只有脱去一切伪装，真诚待人，相互宽容，相互帮助，有快乐共同分享，有困难共同分担，人与人之间才会架起一座理解与信任的桥梁，人间的真情才会开出绚丽的花朵。

生活是丰富多彩的，如晴空，如白云，如彩虹，如霞光，只要我们以简单之心去面对复杂的世界，生活的琼浆便汩汩而出，酿造出最甜最美的生活之汁。

这个世界并不复杂，复杂的是人本身，只要我们心想得简单一些，生活的天空便一片明媚。

简单，便是富足

心存简单，不痴心妄想、不矫情造作，便是一种潇洒自如的生活态度，便不会为一些鸡毛蒜皮的小事耿耿于怀，更不去刻意掩饰什么或者戒备什么。如果说做事是越简单越有效，那么做人则是越简单越幸福。

有个弟子问著名的慧海禅师道："师父，你到底有什么与众不同的地方，能够活得如此潇洒自在呢？"慧海回答说："也没什么啊。如果说一定要有，那我与众不同的地方就是困了睡觉，饿了吃饭。"弟子大吃一惊，反问道："这算什么与众不同？每个人都是这样子的呀。"慧海听了呵呵一笑，说："我该吃饭的时候就是吃饭，其他的什么也不想，吃得安心舒坦。该睡觉的时候就睡觉，所以也从来不做噩梦，睡得轻松自在。"

在华人首富李嘉诚家人的眼中，最感幸福的不是他们富可敌国的财富，而是一家人团聚之时。无论工作如何繁重，每逢星期一，李嘉诚一家人必定在深水湾家中吃一顿饭。吃得也很简单，就是清清淡淡的四菜一汤。吃饭时，两个儿子坐在李嘉诚两旁，经常你一言我一语，说得非常开心，一家人其乐融融地享受着天伦之乐。李嘉诚的小儿子李泽楷说："我觉得我很幸运，可能是其他人想不到的，我们的生活是那样简单，不是说简单就叫作非常好，而是简单原来就是非常幸福。"

一次赞扬、一个玩具，甚至一块石子都会让一个孩子开心一整天，为什么？就是源于他们心灵的单纯。而为什么大人总会感觉做人太复杂，是因为我们总要殚精竭虑地去思前想后。这样一来，精神得不到放松，思想得不到清静，心情便不可能快乐，幸福也就成为天方夜谭。因此，我们不妨简简单单做人，在简单中自己的内在世界才是富足的，而只有这样，幸福人生才会离你越来越近，甚至你会发现你已处于幸福之中了。

让自己变得简单起来

如果有人问你1+1等于几，你能理直气壮地当即回答出等于2吗？估计大多数人在被问到这样一个问题时都要思考半天，因为他们知道数学家陈景润曾经花了好几年时间去证明1+1等于几的问题。其实，1+1还是等于2的，陈景润证明的是哥德巴赫猜想，并非是去证明1+1不等于2。我们因为知道太多，反而束缚了自己的手脚。

同样的问题，如果去问小学生，他们肯定会立即回答出来，因为他们没有那么复杂，他们的头脑比我们简单。也正是因为简单，才使他们不受常规的约束。

简单是一种智慧，是一种经历复杂之后更上层楼的彻悟。

简单是一种美，是一种智者所具有的高品味的境界。

简单决不是简化、原始，而是一种大彻大悟之后的升华。高僧的生活简单，因为他们已经参透人生的真谛，看清了世界的实质，他们的思想达到了更高的境界。齐白石画虾，仅寥寥几笔，便把虾画得活灵活现，栩栩如生，那是因为他的艺术修为、画技更高。普通人如果不下苦功夫去练画，也来学他那几笔，画出来的东西可能连他自己都认不出。

记得以前看过这样一个故事：某人请一位画家给他画一匹马，画家答应十年以后给他。十年后那人来取画。画家便把他领到画室，展开画纸，挥动画笔，很快便画好了马。

来人很是不解且不满地质问画家："既然你能很快便画好，为什么让我等了十年呢？"

画家没有当即回答他，而是把他带到另一间屋，只见里面堆满了画家练画时用过的画纸，只见地上堆满了马的图画。画家语重心长地对来人说："我花了十年时间才做到这么短时间画好一幅马的画。"

简单是一种境界，只有经过一番苦练才能达到。简单做人也是一种境界，一种比复杂的人生更高的境界。名利、地位、金钱、事业有成，出人头地，飞黄腾达，是一种人生，但未免过于复杂，行动未免受到太多的牵制，做什么事都要三思而后行，一样想不到就会出错。既然追求名利，工作上就要十二分的小心，不能得罪任何人。上司要小心侍奉，因为他们握着自己的生杀大权；下级也要小心对待，因为孔夫子说过，"惟女子与小人难养也"，稍有放松，某人便有可能成为自己仕途上的小人，妨碍自己高升。这种人活得太累。

简单做人，不依附权势，不贪求名利、金钱，无怨无争，也是一种人生。这种人生为自己而活，不必看别人的脸色行事，想笑就笑，想哭就哭，快乐自在。虽然没有人送礼，没有人吹捧，但也没有人惦记，出门不用小心坏人，单位不用提防小人。生活反而更轻松。这种人生更精彩。

简单做人，洒脱自在。简单是一种平淡，但不是单调；简单是一种平凡，但不是平庸；简单是一种美，是一种原滋原味的美。

司汤达曾说："人所以要存在于世，目的不在于富有而在于幸福。"要想幸福，就让自己变得简单起来吧！

简单做人，把复杂的问题简单化

在现实生活中，很多人也想逃避纷繁复杂的人和事，只是苦于无从摆脱。其实，有很多小事是我们自己夸大了它，有许多简单的问题被我们附加了很多不必要的步骤而变得复杂起来。

作家荷马·克罗伊讲了一个他自己的故事：过去我在写作的时候，常常被纽约公寓热水灯的响声吵得快要发疯了。后来，有一次我和几个朋友出去露营，当我听到木柴烧得很旺时的响声，我突然想到：这个声音和热水灯的响声一样，为什么我会喜欢这个声音而讨厌那个声音呢？回来后我告诫自己：火堆里木头的爆裂声很好听，热水灯的声音也差不多。我完全可以蒙头大睡，不去理会这些噪声。结果，头几天我还注意它的声音，可不久我就完全忘记了它。很多小忧虑也是如此。我们不喜欢一些小事，结果弄得整个人很沮丧。其实，我们都夸张了那些小事的重要性。

梭罗有一句名言感人至深："简单点儿，再简单点儿！奢侈与舒适的生活，实际上妨碍了人类的进步。"当生活上的需要简化到最低限度时，生活反而更加充实。因为我们已经无须为了满足那些不必要的欲望而使心神分散。简单不是粗陋，不是做作，而是一种真正的大彻大悟之后的升华。

简单地做人，简单地生活，想想也没什么不好。金钱、功名、出人头地、飞黄腾达，当然是一种人生。但能在灯红酒绿、推杯换盏、斤斤计较、欲望和诱惑之外，不依附权势，不贪求金钱，心静如水，无怨无争，拥有一份简单的生活，不也是一种很惬意的人生吗？毕竟，你用不着挖空心思去追逐名利，用不着留意别人看你的眼神。没有锁链的心灵，快乐而自由，随心所欲，该哭就哭，想笑就笑，虽不能活得出人头地、风风光光，但这又有什么关系呢？

古人云：天下难事，必做于易。人做得简单，事情也就不会复杂。一旦你的内心少了杂念，没有私欲，便会如释重负，心灵的翅膀便会无忧无虑地在幸福的天空中飞翔。

其实，生活未必都要轰轰烈烈，"云霞青松作我伴，一壶浊酒清淡心"，这种意境不是也很清静自然，像清澈的溪流一样富有诗意吗？生活在简单中自有简单的美好，这是生活在喧嚣中的人所渴求不到的。简单的生活其实是很迷人的：窗外云淡风轻，屋内香茶萦绕，一束插在牛奶瓶里的漂亮水仙，穿透洁净的耀眼阳光，美丽地开放着；在阳光灿烂的午后，你终于又来到了年轻时的山坡，放飞着童年时的风筝；落日的余晖之中，你静静地享受着夕阳下清心寡欲的快乐……活得简单些，这就是人生的最深内涵。

其实，这个世界并不复杂，复杂的是人自己本身。只要我们心想得简单一些，生活的天空便一片明媚。

少一分计较，多一分豁达

　　人的社会性决定了我们每个人都会遇到不少人，经历不少事，而要能够正确做人处事，就得有正常的心态和处理事务的能力。而少一分计较，多一分包容；少一分患得患失，多一分豁达坦然，便是做人处事的最大智慧。

想得开，看得透，随遇而安

　　《淮南子》中曾有这样一个故事：有一位住在长城边的老翁养了一群马，其中有一匹马忽然不见了。家人们都非常伤心，邻居们也都赶来安慰他，而他却无一点悲伤的情绪，反而对家人及邻居们说："你们怎么知道这不是件好事呢？"众人颇感惊愕，都认为是老人因失马而伤心过度，在说胡话，便一笑了之。

　　可事隔不久，当大家渐渐淡忘了这件事时，老翁家丢失的那匹马竟然又自己回来了，而且还带回来了一匹漂亮的马。家人喜不自禁，邻居们惊奇之余亦很羡慕，都纷纷前来道贺。而老翁却无半点高兴之意，反而忧心忡忡地对众人说："唉，谁知道这会不会是件坏事呢？"大家听了都笑了起来，都以为是老翁乐疯了。

果然不出老翁所料，事过不久，老翁的儿子便在骑那匹漂亮的马时摔断了腿。家人们都挺难过，邻居也前来看望，唯有老翁显得不以为然而且还似乎有点得意之色。众人很是不解，问他何故，老翁却笑着答道："这又怎么知道不是件好事呢？"众人不知所云。

事过不久，战争爆发，所有的青壮年都被强行征集入伍。战争相当残酷，前去当兵的乡亲，十有八九都在战争中送了命，而老翁的儿子却因为腿跛而未被征用。他也因此幸免于难，能与家人相依为命，平安地生活在一起。

这个故事便是"塞翁失马，焉知非福"的出处。老翁高明之处便在于明白"祸兮福所倚，福兮祸所伏"的道理，能够做到任何事情都能想得开、看得透。

顺其自然，成事在天

顺其自然是最好的活法，不抱怨、不叹息、不堕落、胜不骄、败不馁，只管奋力前行，只管走属于自己的路。我国有句俗话叫作"谋事在人，成事在天"，而这种"成事在天"便是一种顺其自然。只要自己努力了，问心无愧便知足了，不奢望太多，也不失望。

顺其自然不是随波逐流、放任自流，而是应该坚持正常的学习和生活，做自己应该做的事情，是弄明白自己的人生方向后踏实地顺着这条路走下去。有人曾经问游泳教练："在大江大河中遇到旋涡怎么办？"教练答道："不要害怕。只要沉住气，顺着旋涡的自转方向奋力游出便可转危为安。"顺其自然也是如此，它不是"逆流而动"，也不是"无所作为"，而是按正确的方向去奋斗。

人生如同一艘在大海中航行的帆船，偶遇风暴是无法改变的事实，只有顺其自然，学会适应，才能战胜困难。现实生活中我们应该学会顺其自然，学会到什么山唱什么歌。

当然，顺其自然不是宿命论，而是在遵守自然规律的前提下积极探索；顺其自然不是不作为，而是有所为，有所不为。

顺其自然，是乐观的处事妙方，是一种豁达的生存之道，是高超的入世智慧。

不计较小事，生活中的烦恼就会大大减少

有一个人夜里做了个梦。在梦中，他看到一位头戴白帽，脚穿白鞋，腰佩黑剑的壮士，向他大声叱责，并向他的脸上吐口水，吓得他立即从梦中惊醒过来。次日，他闷闷不乐地对朋友说："我自小到大从未受过别人的侮辱，但昨夜梦里却被人辱骂并吐了口水，我心有不甘，一定要找出这个人来，否则我将一死了之。"于是，他每天一早起来，便站在人潮往来的十字路口，寻找梦中的敌人。几星期过去了，他仍然找

不到这个人。结果，他竟自刎而死。

看到这个故事，你也许会嘲笑主人公的愚蠢。做梦乃是一件极其平常的小事，做噩梦也是常有的事，怎么能为此而大动干戈呢？可生活中就有许多人为小事抓狂，为一点小事而和别人闹翻脸，甚至大打出手。

别为小事抓狂，对待一些委屈和难堪的遭遇，在内心要将其转变成另一种心情，以健康积极的态度去化解这一切。如果能从中得到更大的益处，不也是另一种收获吗？这不是比到处记恨别人，处处结下冤家强吗？用一则小故事来说明这个道理非常合适。有一个人经过一棵椰子树，一只猴子从上面丢了一个椰子下来，打中他的头。这人摸了摸肿起来的头，然后把椰子捡起来，喝了椰子汁，吃了椰子肉，最后还用椰子外壳做了个碗。

我们之所以对小事缺乏足够的承受能力，说明我们没有把精力放在更为重要的事情上。因此，面对生活中的烦恼，我们首先要问自己："这是我生活目标中至关重要的事情吗？为此花费时间与精力值得吗？"

当我们集中精力追求自己的梦想时，生活中的烦恼便会大大减少，我们便不会再为小事抓狂，因为我们在自己梦想的追求中实现了自我价值，自然就不在乎身边这些丁点的麻烦事了。

过于计较眼前得失，就容易失去长远利益

某个著名的成功学家曾说过这样一个事例：

我曾经遇到一个人，他说老板只付他一个月3000元的薪水，老板一直不给他加薪，因此他一个月就只做3000元价值的事情。我告诉他，这

个想法实在大错特错。

假如你只做3000元价值的事情，你如何有理由要求老板加薪呢？你必须主动做出超过3000元价值的事情，甚至5000、10000元以上价值的工作，这样，你才有理由加薪！然而，现实中有很多人的想法却是本末倒置，所以他们一直闷闷不乐，一直找不到快速提升自己的方法。他们一直维持现状却还在怪罪别人，甚至抱怨命运对自己不公。

在宾夕法尼亚的山村里，曾有一位出身卑微的马夫。他后来成为美国著名的企业家，他那惊人的魄力、独到的思想，为世人所钦佩。他就是查理·斯瓦布先生。

他小时候的生活环境非常贫苦，只受过短短几年的教育。从15岁起，他就孤身一人在宾夕法尼亚的一个山村里赶马车谋求生路。两年之后，他才谋得另外一个工作，每周只有25美元的报酬。在这期间他每时每刻都在寻找机会。功夫不负有心人，没多久他便成为卡内基钢铁公司的一名工人，日薪1美元。做了没多久，他就升任技师，接着升任总工程师。过了5年，他便兼任卡内基钢铁公司的总经理。到了39岁，他一跃升为全美钢铁公司的总经理。

他由弱而强的秘诀是：他每到一个位置时，从不把月薪的多少放在心里，他最注重的是把新的位置和过去的比较一番，看看是否有更大的发展前途。

当他还是一名微不足道的工人时，他就暗暗下定决心："总有一天我要做到高层管理，我一定要做出成绩来给老板看，使他自动来提升我。我不去计较薪水，我要努力工作，我要使我的工作价值远远超乎我的薪水之上。"

他每获得一个位置时，总以同事中最优秀者作为目标。他从未像一般人那样不切实际，想入非非。那些人常常不愿使自己受规则的约束，常常对公司的待遇感到不满，做白日梦等待机会从天而降。斯瓦布深知一个人只要有远大的志向并付诸实际行动就一定可以实现梦想。他从不妄想一步登天，他充满乐观和自信，做任何事情都竭尽所能，他的每一次升迁都是水到渠成势所必然。

在现代企业中，许多人工作是为了老板工作。为老板而工作的人，他前进的动力唯一的来源就是老板的薪水。而在这样的企业中，只有老板是为了自己工作，因为他的企业就是他的一切。如果全部的员工都能以老板的心态工作，他们就会把老板的企业也视为了自己的企业，他工作是为了自己而工作，这样的人不计较报酬，追求更高的境界和奉献。而世间的无数事例表明，那些越不计较报酬的人报酬反而更容易登门拜访；那些越把公司当成自己公司的人，公司越把他当成自己人，给予其更高、更好的平台。

只要你是金子，别人总会看到你放出的光芒。因此，不要过于计较眼前的利益。付出之后，收获自然会随之而来，只是时间早晚的问题。那种总是在等待别人先付出后自己才肯付出的人，其实已经在无形中陷入了某一种被动的境地，间接地弱化了自己本身具有的能量，自然难以吸引来正面的能量。

目标清晰者，最先能达到终点

　　人的一生，要想走向成功，必须有自己的目标。如果没有目标，便犹如大海上没有舵的帆船或看不到灯塔的航船，就会在暴风雨里茫然不知所措，以致迷失方向，无论怎样奋力航行，终究难以到达彼岸，甚至船破舟沉。有的人一生忙碌却一事无成，便是因为其没有目标，导致人生的航船迷失了方向。

无论做什么，必须明白自己的目标

　　在所有的借口中，有一些借口常常被人们所利用，以此来表现自己不愿意做看来很难办或难做的事情。通常人们会这么说"这个问题很难办，我无能为力""我以前没做过这个""这个不归我管""我不会做"等等。喜欢拿这些作为借口的人，多是比较因循守旧的人，这些人在工作上缺少自动自发的精神，不会主动地去解决问题和困难，更谈不上创新。借口会让这些人停止在以往的经验和思维惯性中，很难有所突破。

实际上，有的问题看上去很难办，很复杂，一旦着手解决或做起来，就会发现并不像人们形容的那样难。甚至在有些经验丰富的高手看来，这些难题根本称不上是难题，只要用对方法，就很容易解决，也就是我们常说的"会者不难"。

而在那些面对困难总是找借口的人中，除了少数部分人经验不够或知识水平欠缺，使他们面对困难时果真很头疼外，大部分人并不是完全不会，而是不想做、不愿意想方法来解决困难。这些人在寻找借口时，常常用"不""不会""不知道""不想""不擅长"等否定词，以此表示自己"不会做"，不愿意想办法解决问题。如果不主动去探寻做一些事的最佳方法，那么会觉得很多事情很难做，也就是"难者不会"。

如果有人说"我没有足够的经验和能力来完成某个工作"，这种说法其实是在为自己找借口，这样的借口并不能获得对方的同情和谅解，反而会让人认为此人难以重用。

其实不管做什么事情，只要你想做就会想办法去做好。

某公司的销售员小范给每天的工作制定了计划，并严格按照计划去完成，在规定的期限内必须做完某件事才能下班。经理十分看好这名认真做事的销售员，小范也没有辜负经理对他的信任，出色地完成了每一项工作。

其实，小范在刚进公司时并没有什么工作经验，而且在同时进入公司的同事中也不算是能力最强的。经过一段时间的努力，小范的业绩上来了，他给自己规定每天必须拜访5个客户，从开始到现在从来没有哪一天拜访的客户少于5个。小范认为，每天的工作就是一个积累的过程，只有给自己限定期限，才不会滋生偷懒的行为，也不会用各种借口为自己开脱。因为那样不但会耽误工作，自己的业绩也很难提高。

很多人在工作中取得成绩并非因他的天资多么聪颖，运气有多么好，只是在于他的自制力更强。能管住自己的人，对自己约束力较强的人，会在一定的期限内完成任务甚至超额完成，而爱找借口的人即使有期限约束，也会在借口的掩饰下"违规"。

当然，无论是什么事情，如果按照定好的方法去做、去完成，去享受了正确做事情的过程，即使有疏忽，也会在下次做得更好。

目标清楚，不是就结果论的片面，而是正确对待结果的心态，清楚自己想要的，也要明白付出才会有结果，而尊重过程也是一种明白目标的一种，在完成的过程中你会从中成长、享受到完成的乐趣。

没有目标，就像无头的苍蝇

没有了目标，人只能在生命的旅途中犹豫徘徊，永远到达不了目的地。就好比空气和水对于生命一样，没有空气和水，人就不能生存。

塞涅卡有句名言说："如果一个人活着不知道他要驶向哪个码头，那么任何风都不会是顺风。有人活着没有任何目标，他们在世间行走，就像河中的一棵小草，他们不是行走，而是随波逐流。"

在生活的海洋中，要想做一个成功的舵手，首先必须确立明确的人生目标。人生没有明确的目标，生活就会盲目漂移，做事就没有方向感，从而敷衍了事，临时凑合，也就失去责任感。没有目标，英雄便无用武之地。

列宁说："人需要理想，但是需要人的符合自然的理想，而不是超自然的理想。"同样，人生要制定正确的目标，要符合个人实际，不能脱离实际，否则将会陷入理想破灭后的惆怅与悲凉之中。比如一个天生五音不全的人，连五线谱都不曾见得，却想成为歌唱家，那他的目标恐怕难以实现。正确的目标是人生追求的基础，离开正确人生目的的追求只能是无目的的盲动，即使偶有所得也不会长久，也很难有大的发展，在更多时候只能是品尝失败的痛苦。

另外，人生的目标也要根据自身当时的情况适时加以调整，不能一条路走到黑，

"现实是此岸，理想是彼岸，中间隔着湍急的河流，行动则是架在河上的桥梁。"人难的不是确定目标，而是马不停蹄地去为实现既定目标而奋斗。只有不断地激励自己，从伟大的实践中吸取力量，从竞争中获得压力，这样才能少惰性而多韧性。李大钊说："青年啊！你们临开始活动之前，应该确定方向。譬如航海远行的人，必先定个目的的。中途的指针，总是指着这个方向走，才能有达到目的的一天。若是方向不定，随风飘转，恐怕永无达到的日子。"

恰当的生活目标能使每个人充满快乐。无所事事、自暴自弃地让时光白白消逝，是人生最可悲的事。有了正确的人生目标并为之奋斗，日子过得才充实，才趣味盎然，才能体会到原汁原味的生活的甜美。

目标能够使你看清自己生活的使命

你给自己定下目标之后，目标就开始起作用：它是努力的依据，也

是对你的鞭策。目标给了你一个看得着的射击靶，随着你努力实现并接近这些目标，你就会有成就感。对许多人来说，制定和实现目标就像一场比赛，随着时间的推移，你实现一个又一个目标，这时你的思想方式和工作方式又会渐渐改变，朝新的目标努力和前进。

每一天我们都可能遇到对自己的人生和周围世界不满的人。在这些对自己处境不满意的人中，有98%的人对心目中向往的世界没有清晰的图画，没有可以追求的理想目标。一个人没有目标就不会去鞭策自己，结果终其一生庸庸碌碌。

有一位医生对寿命高达百岁以上的老人的共同特点做过大量研究。他曾让人们思考一下，这些老人长寿有什么共同的因素，大多数人都会列举食物、运动、节制烟酒以及其他有助健康的因素。然而，令人惊讶的是，医生告诉他们，这些老寿星在饮食和运动方面没有什么共同特点。真正有助于他们长寿的共同特点是对待未来的态度——他们都有人生目标。

以上种种事例证明，目标对于我们的人生至关重要。没有目标，我们将无法成长。因此，给自己一个目标，并努力去实现。随着一个又一个目标的实现，你会逐渐地明白实现一个目标需要什么样的努力，同时也引导你制定更大的目标，实现你更伟大的人生价值。

制定目标的一个最大好处是有助于你安排日常工作的轻重缓急。没有这些目标，你很容易陷进跟理想无关的日常事务当中。一个忘记最重要事情的人，会成为琐事的奴隶，把精力放在小事情上，忘记了自己本应做什么。因此，你要发挥潜力，就必须全神贯注于自己有优势并且会有高回报的方面；而目标能帮助你集中精力实现这些。另外，当你不停地在自己有优势的方面努力时，这些优势会进一步发展。

最终，在达到目标时，你成为什么样的人比你得到什么东西要重要得多。

虽然目标是朝着将来的，是有待将来实现的，但目标能使我们把握住现在。因为每个重大目标的实现都是几个小目标、小步骤实现的结果。所以，如果你集中精力于当前手上的工作，心中明白你现在的种种努力都是为实现将来的目标铺路，那你就能成功。

不成功者有个共同的问题：他们极少评估自己取得的进展。大多数人或者不明白自我评估的重要性，或者无法度量取得的进步。

成功人士总是事前决断，而不是事后补救；他们提前谋划，而不是等待指示，他们不允许其他人操纵他们的工作进程。没有目标，也不事前谋划的人是很难有进展的。

目标使我们把重点从工作本身转到工作成果。不成功者常常混淆了工作本身与工作成果。他们以为大量的工作尤其是艰苦的工作，就一定会带来成功（任何活动本身并不能保证成功），这种想法显然是不对的。衡量成功的尺度不是做了多少工作，而是做出了多少成果。

明确的目标是一切成功的起点

一个人有了明确的目标，也就产生了前进的动力。目标不仅是奋斗的方向，更是自我鞭策的需要。

你的世界是要改变的，你有能力选择你的目标。当你以积极的心态确定你的主要目标时，你就离成功更近了一步。

罗伯特·克里斯托夫就具有确定的目标和积极的心态。像许多孩子一样，当他阅读儒勒·凡尔纳动人的幻想故事《80天周游世界记》时，他的想象力被激发了。

罗伯特说："我过去花了许多时间去做不切实际的梦想，直到我渐渐长大了，读了两本励志的书：《思考致富》和《信任的魔力》，我才变得切近实际了。

"别人用80天环绕世界一周。现在，我为什么不能用80美元周游世界呢？我相信任何确定的目标都是能够达到的，如果我们有诚意和信心的话。也就是说，如果我从我所处的地方出发，我就能到达我所想要到达的地方。我想：别的一些人能够在货轮上工作而得以横渡大西洋，再搭便车旅行全世界，我为什么就不能呢？"

于是，罗伯特就从他的衣袋里拿出自来水笔，在一张便条上开列了一个他可能要面临的问题表，并记下解决每个问题的办法。当他最后做出了决定时，他就行动起来：

与大药物公司查尔斯·菲兹公司签订合同，向其提供所要旅行国家的土壤样品；

以保证提供关于中东道路情况的报告作为交换条件，获得了一张国际司机驾照和一套地图；

设法找到了海员文件；

获得了纽约警察部门开具的关于他无犯罪记录的证明；

准备了青年旅舍会籍；

与一个货运航空公司达成协议，只要他拍摄照片供公司宣传之用，该公司同意他免费搭乘飞机飞越大西洋。

当这个26岁的青年完成了上述准备工作时，他就在衣袋里装了80美元乘飞机离开了纽约市。最后，罗伯特·克里斯托夫达到了他的目标：用84天周游了世界，用80美元周游了世界。

确定的目标和积极的心态激励了罗伯特，使他达到了特殊的目标。

一切成就的起点都是积极的心态加确定的目标。不妨问问你自己：我的目标是什么？我真正需要的东西是什么？我想在生活中得到什么？

没有人可以告诉你该拥抱什么样的真理，你必须要依靠自己找到你的真理、信仰以及爱。如果你不这样做，缺少了自我探索的过程，你所有的真理、信仰以及爱就不会产生激励你的动力。

或许下面的几个问题可以帮助你明晰思路：你想成为什么样的人？你被赋予了什么任务？你最迫不及待想做的事情是什么？你坚信这一生你一定要完成的事情是什么？

人们所能想到的最能接近成功的意义便是使命。使命是你认识自己与生俱来要成为的人、要做的事以及要拥有的一切。你所拥有的一切，例如物质、能力、技巧、人格以及天分，确定了你的存在。你的价值观正反映了你认为值得爱的一切。因此，你的使命感和你的信仰、价值观是密不可分的。

然而，你的使命终究还要靠自己来完成。它是你人生的目标，是独一无二的，是专属于你自己的，它值得你全力以赴去追求。

只有你能决定你要成为什么样的人，做什么样的事，拥有什么；只有你知道，什么能使你满足，什么令你有成就感。所以，从现在起，挖掘你的潜能，探索你的内心世界，想想看，什么能使你感到满腔热情，你又希望自己达到怎样的一个目标。

把大目标细分化

要想使事情办得顺利，达到我们所希望的目标，最好的方法是把目标定具体，然后在大目标下分层次地设定出每个阶段性目标，这样按步骤地步步为营。

通常情况下，目标根据时间的长短可分为长远目标、中期目标、短期目标、近期目标。

小目标是大目标的基础。我们只要按照设定的小目标一个台阶一个台阶地努力，最终就会实现大目标。

你最想做成的事情可能是需要花时间最多也是最难的事情，但是只要你把一件大事分成小块来做，你就不会再拖延，这样你的愿望也不会受损。这个好习惯使每一个大工程都变得简单易行。

我们在做事的时候，不能把目标定得太大，否则就不容易实现。目标定得太模糊和遥远，很容易让人泄气，而设定实际并具体的目标，能够鼓舞人的士气，增强人的自信心。设定具体的目标有利于针对具体的目标而努力，使追求目标的行动更明确。

有人请教著名销售大师多尔弗先生，问他是怎样成为汽车行业最顶尖的销售人员的。多尔弗回答说："因为我会给自己定下远大的目标，并且有切实可行的实施方案。""是什么方案呢？"众人问道。

"我会将年度的计划和目标细分到每周和每天里。比如说今年定的目标是3840万美元，我会把它按12个月分成12等份，这样每个月完成320

万美元就好了。然后再用星期来分，320万除以4，这下子我就不用做320万元的业绩了，只要每个星期做80万元就行了。"

"80万美元还是太大，怎么办？"

"我会把它再细分下去，把它分成七等份，分出来的数就是每天需要完成的签单目标。目标要定得够大才足以令我兴奋，接着再把目标分成一小块一小块的，这样就会确实可行。"

一些人总是抱有很大的目标，想着这个月、这半年内要获得怎样的业绩，一天内要做好多少件事，却想不出办法如何实现这个目标，往往在还没有为目标努力之前，就被庞大的数字和任务压倒，最终不得不放弃或缩小目标。而如果把大目标细分成小目标，再加上可行的计划，就会起到事半功倍的效果。

第三章

别让"想得太多"毁了你

想太多的负面现象，会毁了你

　　想的再多也要有说干就干的魄力。不然想太多的负面现象，会毁了一个人。想太多通俗说就是前怕狼后怕虎，一般现实中想太多的人会让自己陷入思想的漩涡，想太多会变得敏感、多虑、斤斤计较、不自信、好嫉妒……

任何成功都需要实干，光是空想是成不了事的

　　成大事者必须明白一个道理：任何瞬间的灵感都离不开长期的埋头苦干。只有脚步不停，才能不断向前；只有勤奋才能征服一切，你不能奢望同时是伟大的而又是舒适的，懒惰会腐蚀一个人的机体和灵魂。

　　卡莉·菲奥里纳作为世界上最成功的女企业家，不仅是一个集美貌和智慧于一身的女性，更是一个敢于挑战困难、善于把握机会的决策者，可她的同事对她印象最为深刻的却是她工作的勤奋。

卡莉每天早晨4点钟就起床，浇浇花，喂喂鸟，但她的脑子并没有闲着。她认为早上是一天思维最活跃的时刻，最适于思考问题。她一边喂鸟一边思考好当天必须完成的工作，然后她头脑清醒、目标明确地到公司去，开始一天的工作。

她总是第一个来到办公室，忙起来常常顾不上吃午饭，饿了就找些饼干、面包随便吃一点，通常一干就是到深夜，甚至到第二天凌晨。多少个夜晚，卡莉都是在自己的办公桌前度过的，有时实在太累就趴在桌子上小憩一会儿，然后打起精神继续工作。卡莉认为只有在全身心投入到工作中时，她才觉得自己是最充实的。

她坚持和手下的审记员和财务人员一起通宵达旦地工作，以确保第二天为股市提供的财务报表万无一失。通宵达旦，十几个小时的长时间工作对她来说不是偶尔一次两次，而是已经形成的一种习惯。全公司的人都知道勤勤恳恳、身先士卒是卡莉·菲奥里纳一贯的工作作风。

再看看作为世界首富的比尔·盖茨是如何工作的。

比尔·盖茨刚创业时，他和保罗·艾伦一起全力经营微软日常业务，经常一干就是两三天不合眼，饿了便三口两口地来块汉堡包，喝口水。他能在任何地方打个小盹儿，甚至干脆就趴在键盘上。那时，也许他深深地知道，微软不过是大森林中一株刚冒出头的小芽草而已，如果他们不勤快地抢些早晨的甘露、阳光，恐怕将来做棵小草的资格都没有，更别说参天大树了！

微软小有名气后，他更加不敢懈怠。因为这时的竞争对手更加多了，大家都虎视眈眈地盯着微软的发展，盯着它是不是出现差错和漏洞。这一切都迫使比尔·盖茨在工作中更加慎重和周密，而慎重和周密的直接结果就是令他不得不更加勤奋。

比尔·盖茨每年要花许多时间穿梭于美国和世界。在这些旅途中，每个工作日可能长达16个小时，令人疲惫不堪。在去国外的旅途中，他还得抓紧时间阅读有关该国国情的书报或杂志；当他到达目的地后，要会见微软的当地代表，讨论商务策略，还要向各种各样的听众，包括政府官员、商界领袖、学生和新闻界人士，亲自讲解和演示微软的产品，听取他们的抱怨和建议。

在微软总部的时候，晚上偶有闲暇，比尔·盖茨便在公司里走来走去，到处转转看看。不仅是看有谁还在那里埋头苦战，也看看手下员工办公室里桌上的用品、墙上的图片；不仅是去了解员工在干什么，更是去了解他们在怎么干。他尝试着去设身处地地感受人们怎样看待他们面对的任务，他们都在想些什么。他或许还会与最后一个离开办公室的员工并肩走上几步，问问他对公司的项目或者更广泛的技术有何看法。

无论怎么样的成功，都需要背后的实干，光是空想是成不了事的。这一点谁也不能例外。

想要太多，会得不偿失

这是一个极具诱惑力的社会，这是一个欲望膨胀的年代，人们的心里总是塞满着欲望和奢求。追名逐利的现代人总是奢求穿要高档名牌，吃要山珍海味，住要乡间别墅，行要宝马香车。似乎一切都被欲望支配着。

法国杰出的启蒙哲学家卢梭曾对物欲太盛的人作过极为恰当的评

价，他说："十岁时被点心、二十岁被恋人、三十岁被快乐、四十岁被野心、五十岁被贪婪所俘虏。人到什么时候才能只追求睿智呢？"的确，人心不能清净是因为欲望太多，欲望的沟壑永远填不满，人心永不知足：没有家产想家产，有了家产想当官，当了小官想大官，当了大官想成仙……精神上永无宁静，永无快乐。

人们想要的太多，却往往得不偿失，甚至于把自己赔进去。

伟大的作家托尔斯泰曾讲过这样一个故事：有一个人想得到一块土地，地主就对他说，清早，你从这里往外跑，跑一段就插个旗杆，只要你在太阳落山前赶回来，插上旗杆的地都归你。那人就不要命地跑，太阳偏西了还不知足。太阳落山前，他是跑回来了，但人已精疲力竭，摔个跟头就再没起来。于是有人挖了个坑，就地埋了他。牧师在给这个人做祈祷的时候说："一个人要多少土地呢？就这么大。"

人生的许多沮丧都是因为你得不到想要的东西。其实，我们辛辛苦苦地奔波劳碌，最终的结局不都是只剩下埋葬我们身体的那点土地吗？伊索说的好："许多人想得到更多的东西，却把现在所拥有的也失去了。"这可以说是对得不偿失最好的诠释了。

其实，人人都有欲望，都想过美满幸福的生活，都希望丰衣足食，这是人之常情。但是，如果把这种欲望变成不正当的欲求，变成无止境的贪婪，那就无形中成了欲望的奴隶了。然后，在欲望的支配下，为了权力，为了地位，为了金钱而削尖了脑袋向里钻。这样的生活，真的是你想要的吗？扪心自问，这样的生活，能不累吗？被太多想要的东西沉沉地压着，能不精疲力竭吗？静下心来想一想，有什么目标真的非让我们实现不可，又有什么东西值得我们用宝贵的生命去换取？

让我们斩除过多的欲望吧，将想要的东西减少再减少，从而让真实的欲求浮现。这样，你才会发现，真实的、平淡的生活才是最快乐的。

不必放在心上的事，就不要想太多

一个自以为很有才华的人，一直得不到重用，为此，他愁肠百结，异常苦闷。有一天，他去质问上帝："命运为什么对我如此不公？"上帝听了沉默不语，只是捡起了一颗不起眼的小石子，并把它扔到乱石堆中。上帝说："你去找回我刚才扔掉的那颗石子。"结果，这个人翻遍了乱石堆，却无功而返。这时候，上帝又取下了自己手上的那枚戒指，然后以同样的方式扔到了乱石堆中。结果，这一次，他很快便找到了那枚戒指——那枚金光闪闪的金戒指。上帝虽然没有再说什么，但是他却一下子醒悟了：当自己还只不过是一颗石子，而不是一块金光闪闪的金子时，就永远不要抱怨命运对自己不公平。

有许多人都有和这位年轻人一样的心理，他们总是说："公司根本就不了解我的实力""上司没有眼光，所以我再努力也得不到他的赏识""大家都无法欣赏我的能力"等等。然而问题是，这真的是别人的错吗？

千万不要做一个自己没有实力却怪别人没眼光的人。如果你现在正在什么地方受了冷落，被人忽视，不要怨气冲天，你应该记住，你是个普通人，没有人会太在意你。

小李因为工作的变动到了一个全新的部门，这个部门似乎没有以前的职位风光，没有以前的地位显赫，于是，他总是担心别人会有什么其他的想法："怎么回事，是不是犯了错误而下来了"等。虽然是正常的工作调动，而且也是自己一直希望的，但还是担心别人会说些什么，于是待在家中好久也没有露面。

有一天在大街上他遇到一个熟人，那人说："你不做老总啦？调到哪儿去了？"小李说："不做了，调北京办事处去了。"他说："好呀，祝贺你呢！"小李笑笑："有时间去玩呀。"然后作别。但是小李心里总有一种淡淡的感觉，害怕熟人是在笑话他。

过了不久，小李恰巧在某处又碰到了那位熟人，那人说："听说你不做老总了，调哪儿去了呢？"小李心想你这人怎么这样，这么不在意人，不是和你说过了吗？但最后他还是淡淡地说："我调北京办事处去了，有时间去玩。"他好像一下子恍然大悟："对了对了，你说过的，对不起呀，对不起呀，我忘了。"听了他这话，小李心里突然清朗起来，好像是一下子悟出什么来。是呀，自己整天担心别人说什么，整天把自己当回事，而别人早把自己忘了。于是，小李和原来一样，同朋友们一起喝酒聊天，大家依然是那样的热情，依然是那样的真诚和开心。

生活中常常会碰到的许多事，比如，说了什么不得体的话，被他人误会了什么，遇到了什么尴尬的事等，其实我们大可不必耿耿于怀，更不必揪住所有人做解释。因为事情一旦过去，没有人还有耐心去理会曾经的一句闲话，一个小的过失和疏忽。你那么念念不忘，说不定别人早已忘记了，不要太把自己当回事了，反过来我们也可以问问自己，别人的一次失误或尴尬，真的会总在你的心头挥之不去让你时时惦念吗？你对别人的衣食住行真的就是那么关心，甚至超过关心自己吗？人生中有那么多事，每个人自己的事都处理不完，没有多少人还会去关心与自己不太相关的事情，只要你不对别人造成什么伤害，只要不是损害了别人的某种利益，没有什么人会对你的失误或尴尬太在意的，也许第二天太阳升起的时候，别人什么事都没有了，只有自己还在耿耿于怀。晋代陶渊明在《拟挽歌辞》中写道："亲戚或余悲，他人亦已歌，死去何所道，托体同山阿。"想想也是，在你还沉浸在悲伤之中时，别人早已踏歌而去了，所以你要明白，在别人的心中你没有那么重要。

所有的不堪和烦恼，只是自己杯弓蛇影的自恋和自虐而已，所有的担心和疑惑，全是自己的原因。在别人的心中，自己并不是那么重要，一些在自己看来十分重要的事情在别人眼里或许根本就无足轻重。这样想来，你的心里便多了一份安然。

算计太多，终被算计

你算计的事情，终将离不开因果。如果舍本求末，到头来悔恨的是你自己。于是，很多人说，"早知如此何必当初"，这在很大程度上归于聪明反被聪明误的算计。而且，一般情况下，很多人算计的都是自己身边的人，这样做的结果，是自己走的路越来越窄，如果再被人报复，就使自己会陷入更加不堪的境地。

想得到，就要做得到

失望的情绪大多源自于想得到，却未得到。天天想着猎物，却不实施狩猎行动的人将永远处在失望的心境中。

杰克·韦尔奇曾如此说道：如果你有一个梦想，或者决定做一件事，那么，就立刻行动起来。如果你只想不做，是不会有收获的，而你也只会落得失望的结果。

从这句话中我们就可以明白，人为什么有失望的感觉？大多是因为你想到了，却没有达到预期的效果，这种现实和梦想的反差自然引起了你失望的情绪。在你失望的时候，你有没有想过这个问题：你，为什么会失望？

或许这个问题问得有些愚蠢，人失望无非是愿望和初衷没有得到满足。为什么没有得到满足呢，我觉得这个问题才是值得所有失望的人认真思考的——只想得到，但是做不到，才是失望的根源。

一百次心动不如一次行动。一百次的心动如果没有一次行动，就是一百次的失望。失望的情绪存在于很多人的身上。当他们看到成功者时，这种情绪或许更浓烈，因为这些成功者的想法或许也是他们曾经想到过的。可是那些人成功了而自己依然默默无闻，这种巨大的差异更会让人深陷失望之中。

只想得到，却没有实际行动，肯定得不到理想的满足，失望感自然而然就产生了。当你了解了失望的原因以后，你就可以去克服这种境况了，那就是积极行动起来，不能只想得到，更要做得到。

意大利著名航海家哥伦布经历了千难万险终于发现了新大陆。在西班牙举办的一次庆功宴上，有位贵族骄傲地说道："哥伦布无非是坐着轮船往西走，再往西走，然后在海洋中遇到一块大陆而已。我相信我们之中的任何人只要坐着轮船一直向西行，都会发现这个微不足道的陆地。所以说，发现新大陆没什么了不起，这不过是件谁都可以办到的小事，根本不值得如此张扬。"旁边一位船长叹了一口气说："说起这件事情来，真是惭愧又失望。事实上，我也早有这样的想法，打算一直往西航行，这样肯定会有什么新发现的，结果一直没有机会去做，太可惜了，真是让人失望！"

哥伦布听了他们的谈话，颇有风度地说："您说的没错，这个世界上有很多事情真的很容易就能够做到的。但是关键就是你是否想到了，然后也去做了。我之所有能够荣幸地让国王给我开这样一个庆功宴，关键就是在于这个。"继而，他又转向那位错失良机的同行："您不要再沉浸在失望的心情里了，希望这次的经历同样能给您带来启迪，希望下一次您也能成功。"

从这个故事中我们看到，仅仅是想到而不去做，才是失望的真正根源。很多美妙的想法，如果仅停留在脑海里而不落实到行动上，不但没有任何意义，反而会在别人成功以后产生失望的不良情绪，这样更不利于人生的健康成长。

每一个人或许都有过失望的经历，你可以静下心来仔细地分析一下你失望的原因，有多少次的失望是因为你有了美好的想法却被别人捷足先登而造成的？又有多少次失望是因为你想法在前，可是却因为行动没有坚持下来而以夭折告终而产生的？失望的情绪是没有任何积极意义的。我们要克服失望感带来的挫败和消极，从这一次的失望中获得教训，这样才能避免下一次因为同样的原因导致失望。

优柔寡断，什么都会错过

美国拉沙叶大学的一位业务员前去拜访西部一个小镇上的一位房地产经纪人，想把《推销与商业管理》课程介绍给这位房地产商人。这位业务员到达房地产经纪人的办公室时，发现他正在一台古老的打字机上打着一封信。这位业务员自我介绍一番，然后介绍所推销的这个课程。

那位房地产商人显然是听得津津有味。然而，听完之后，却迟迟不肯作出决定。

这位业务员只好单刀直入了："你想参加这个课程的，不是吗？"

这位房地产商人以一种无精打采的声音回答说："呀，我自己也不知道是否想参加。"他说的是实话，因为当时像他这样难以迅速作出决定的优柔寡断的人有数百万之多。

这位业务员站起身来，准备离开，但接着他说的这段话使房地产商人大吃一惊。

"我决定向你说一些你不喜欢听的话，但这些话可能对你很有帮助。先看看你工作的办公室，地板脏得吓人，墙壁上全是灰尘。你现在所使用的打字机看来好像是大洪水时代诺亚先生在方舟上所用过的。你的衣服又脏又破，你脸上的胡子也未刮干净，你的眼光告诉我你已经被打败了。

"现在，我告诉你你为何失败。那是因为优柔寡断的你没有作出一项决定的能力。在你的一生中，你一直养成一种习惯：逃避责任，无法作出决定。错过了今天，即使你想做什么，也无法办得到……

"我的批评也许伤害了你，但我倒是希望能够触动你。现在我以男人对男人的态度告诉你，我认为你很有智慧，而且我确定你很有能力。你不幸养成了一种令你失败的习惯，但你可以再度站起来。我可以扶你一把，只要你愿意原谅我刚才所说过的那些话。你并不属于这个小镇。这个地方不适合从事房地产生意。赶快替自己找套新衣服，即使向人借钱也要去买来，然后跟我到圣路易斯去。我将介绍一个房地产商人和你认识，他可以给你一个赚大钱的机会，同时还可以教你有关这一行业的注意事项；你以后投资时可以运用。你愿意跟我来吗？"

三年以后，这位去掉了优柔寡断弱点的房地产商人开了一家拥有60名业务员的大公司，成为圣路易斯最成功的房地产商人之一。

不知满足，就不会幸福

我们常常在报刊上阅读到一些荒唐的闹剧，比如下面这一则：某公司宣称，凡到他们公司购物，每花100元，2个月后就可以返奖100元。比如200元钱的衣服，公司定价1000元。虽然价高了点，但两个月后就返给你1000元，你白得一件衣服……不少人闻知此等好事，纷纷上门，一时间公司生意好不兴隆。开始大家还得了些甜头，但半年之后，公司老板卷款私逃，钱如肉包子打狗一去不回了。

这样的事情，稍有头脑者都会看穿，这不过是骗子拙劣的骗术。但可悲的是，却有那么一些人偏偏深信不疑。最后当然是中了骗术，落得个破财懊悔的凄凉结果。一些人之所以上当受骗，究其原因就是"贪"字作祟。"贪"使他们"塞智为昏"，对骗子设下的陷阱视而不见，结果赔了钱又丢了脸。这个教训不可不吸取，贪心不足蛇吞象啊。

在商业社会，人都有基本的物质需求，也有对金钱的需求，俗话说："金钱不是万能的，但没有钱是万万不能的。"但人不能放任自己的欲望，不能"人心不足蛇吞象"。

人有了贪念，不但会"塞智为昏"，还会"销刚为柔"，使自己丧失骨气，变得软弱低贱。贪也会使自己对亲人、对朋友"变恩为惨"，全不念亲情、友情，变得狠毒刻薄。例如兄弟争家产，打得死去活来；曾一起创业的朋友，为争股权，打起没完没了的官司……原本纯洁的一个人，变得人品污浊。所以，"贪"是"第一可贱可耻"的东西，就像苍蝇逐臭、蜣螂逐粪，有了贪念的人就会和丑恶搅在一起。

据研究，科学家曾通过实验发现，猪的记忆力极差，有的猪两天之中挨几次打还不忘吃。贪食和没记性是猪只记吃不记打的原因。报纸上时常见到有人用"捡钱包""翻扑克牌"的把戏骗人钱财，本以为通过媒体传播会使许多人引以为戒，但事实上这样的事却是经常反复地发生。最让人哭笑不得的是，被骗者往往也都听说过这种骗人的把戏，而落在自己身上却还是不能自已。究其根源，无非是一个"贪"字使之"塞智为昏"。

古人以不贪为宝，所以能超越一世，留其美名。有这样一则故事：有一个人得到了一块玉，献给孔子。孔子不受。献玉的人说，玉匠看过了，说这是宝物，我才敢献给您。孔子说，我以不贪为宝，你以玉为宝。你要把它给了我，我们两个人就都丧失了自己的宝，不如你我都留着各自的宝吧。

历史上有许多如孔子一样的"以不贪为宝"的人。宋朝年间，有一位有名的清官叫寇准，他曾推举过一位叫张虞的人做官。一次，寇准路经张虞任县令的江菱县，张虞殷勤款待，报谢恩师。深夜，张虞来拜见寇准，他见室内无人，迅即从怀中捧出十斤黄金，说是为报栽培之恩。寇准连忙辞绝，说："以前我举荐你，是因为你有才学。可今日你这样做，太不应该了。"张虞说："反正是黑天，无外人知道，你就收下吧。"寇准正色道："天知，地知，你知，我知，怎么能说是无人知道？"张虞只好收起黄金，谢罪而去。

"贪"与"不贪"并不是一个人对一个问题的是非判断，而与一个人的为人修养有着密不可分的关系。一般的人都看重利益，而品行廉洁高尚的人都看重自己的名声。"进不失廉，退不失行"是《春秋》中的一句名言。君子爱财，应取之有道。另外，人活一生，应该有比求富更高的追求。一位世界巨富说过，你不可能一天同时穿两件衬衣。过度的物质享受是没有意义的。我们应追求人格的完美，而不是贪婪，因为贪婪所带来的只是自私、刻毒、吝啬、欺诈、背信弃义等等人的劣根性。

有些人因为贪婪，想得到更多的东西，其结果却像熊瞎子掰包米，把现在所拥有的东西都通通失掉了。

任何人都懂得权衡利弊，两利相权取其大，两害相权取其轻。道理很简单，用不着多说，问题是，你的权衡标准是否正确？你所取的"大利"真的大吗？如果你只是以"钱多钱少"作为唯一标准，就可能忽视了更重要的东西。

某职业经理人受聘就任新职，职位虽然很高，但那却是个他不甚了解的行业。对方开的月薪是几万，他却主动减为九千。有人说他笨，他回答说："我如果拿几万的月薪，就要有令人刮目相看的成绩，一旦自己没做好，上面不说，我自己也要走人；我自动减价，正是向上面反映我的谦虚与客气，如果没做好，情况还没那么严重，如果做得好，月薪当然会回到那个水准。所以长期来看，我自动减薪是划得来的。"

另外一个人得了工作奖金，一位同事要买礼物，这种事当然是不便拒绝的，于是他要对方挑选，结果对方挑的是非常贵的礼物，让他差点付不了账。这件事，让他对那同事有了心结，他暗暗发誓：再也不和他相处了！

从这两个故事来看，关键就在于"不拿白不拿，不吃白不吃"的"贪"！殊不知，你所要的利益的背后还有个人在，你的"贪"不止是损害了他的利益，也会使他对你的"贪"起反感。如果你只要"五分钱"，他却会对你有更好的印象与评价，并因此而延续和你的关系。而"贪"呢？这种机会很可能只有一次！而你一旦给人这种印象，虽还不至于影响你的事业，但对你的形象却是不利的。人在社会上行走，口碑是很重要的。

其实，所谓"傻瓜"，不过是一种"放长线钓大鱼"的策略，比起那些目光短浅者，不知要高明多少倍。可叹的是，现代社会充斥着下列的现象：人际关系一次用完，做生意一次赚足！以为自己这样做是聪明，其实却是杀鸡取卵，是在断自己的路！

看问题一定要把眼光放长、眼界放宽些，不要为了眼前的一点蝇头小利就争抢拼夺，到头来只会是"拣了芝麻，丢了西瓜"。

耍小聪明者，往往会吃大亏

爱耍小聪明、占便宜者，往往吃大亏。

有一个笑话：

列车员检票时发现，一个苏格兰成人用的是儿童票，但苏格兰人坚决不肯补上剩下的票款。于是检票员拿起旅客的衣箱就往车外扔。

此时，火车正在过桥。"您疯啦！"苏格兰人狂喊。"您跟我的票过不去，又淹死了我的弟弟！"

虽然是个笑话，但说明的道理并不可笑。耍小聪明，占小便宜，往往是成功的陷阱，只会让你丧失做人的人格。

一些商店规定，买某一件商品按原价，再买第二件则按优惠价。一些人便先买一件再买第二件，各开一张收据，之后，把其中一件以原价退掉，于是达到了买一件而享受优惠价的目的。

这些人会不会觉得自己很聪明，比别人聪明呢？做人没有基本的准则，只考虑眼前的利益，还自以为是地觉得别人都比他傻。这样目光短浅的人不会成功。

做人还是脚踏实地的好，千万别耍小聪明，不然只会搬起石头砸自己的脚。

爱耍小聪明、爱占便宜的人总想占便宜：占他人的便宜，占合作伙伴的便宜，占规则的便宜……结果是，他们把自己的活动空间搞得越来越狭小，这正是"聪明反被聪明误"。这些所谓的"聪明人"往往为了眼前的一点蝇头小利失去了长远的利益，他们是不折不扣的笨人。

有没有觉得"狼来了"中的那个小孩子聪明？把耍小聪明作为处事之道，最终耍来耍去耍的是自己。

有错误就老老实实承认，并想办法解决，不要试图以耍小聪明掩饰；做事情就诚信待人，不要因贪图小利丢了原则。心机用得过多，便容易不得要领，或自坏其事，或自相矛盾。聪明是件好事，小聪明却不然。

西方有这样一种说法：法兰西人的聪明藏在内，西班牙人的聪明露在外。前者是真聪明，后者则是假聪明。培根先生认为，不论这两国人是否真的如此，但这两种情况是值得深思的。他指出："生活中有许多人徒然具有一副聪明的外貌，却并没有聪明的实质——'小聪明，大糊涂'。冷眼看看这种人怎样机关算尽，办出一件件蠢事，简直是令人好笑的……凡这种人，在任何事情上都言过其实，不可大用。因为没有比这种假聪明更误大事了。"

是金子总会发光的。如果你真正的聪明，就不要总是在别人面前随便地"卖弄"。那样，不但使你的聪明变得廉价，有时还会给你惹来不必要的麻烦。

成功需要的是智慧，不是自以为是的小聪明。小聪明在时间面前不堪一击。只有大智慧才会成就亮丽的人生。

放下，成全别人也成全自己

　　成长是不断地自我修炼的过程。当你发现原来想过很多的事情都是小事，都可以不去担心，都可以放下的时候，你就获得了成长。放下是种境界，成全别人，也成全自己。

懂得装傻的人绝不是傻瓜

　　大画家毕加索对冒充他作品的假画，从来就是睁一只眼闭一只眼，概不追究。有人对此不理解，毕加索说："我为什么要小题大做呢？作假画的人不是穷画家就是老朋友。穷画家混口饭吃不容易，我也不能为难老朋友，还有那些鉴定真迹的专家也要吃饭，况且我也没吃什么亏。"

　　意大利的诗人、散文家和剧作家阿雷蒂诺说："人如果太较真，就是不懂如何生活；不较真既是盾，刀枪不入；不较真又是箭，什么盾也挡不住。"如果说官场上的"不较真"能够让自己进退自如的话，那么在与人交往中的"不较真"就能让自己左右逢源了。所以，在不较真的时候，我们就得装模作样，甚至是装聋作哑。

石油大王洛克菲勒是现代商业史上的传奇人物，他的公司垄断了全美80%的炼油工业和90%的油管生意。在为人处世方面，洛克菲勒很有一套，尤其善于装糊涂。

有一次，洛克菲勒正在工作时，一位不速之客突然闯入他的办公室，直奔他的写字台，并用拳头猛击桌面，大发脾气："洛克菲勒，你这个卑鄙无耻的小人，我恨你！我有绝对的理由恨你！"办公室所有的职员都以为洛克菲勒一定会拿起墨水瓶向他掷去，或是吩咐保安员将他赶出去。然而，出乎意料的是，洛克菲勒并没有这样做。他停下手中的活，像傻子一样注视着他，对发生的事似乎毫无知觉，就如同被骂的是另外一个人一样。

那无理之徒被弄得莫名其妙，怒气渐渐平息下来。他是准备好了来此与洛克菲勒大闹一场的，并想好了洛克菲勒会怎样回击他，他再用想好的话去反驳。但是，洛克菲勒不开口，他反倒不知如何是好了。不得已，他又在洛克菲勒的桌子上猛敲了几下，可是仍然得不到回应，只得索然无趣地离去。再看洛克菲勒，就像根本没发生任何事一样，重新拿起笔，继续他的工作。

懂得装傻的人绝不是傻瓜，而是真正的聪明，就如洛克菲勒。而现实生活中，有的人却斤斤计较、咄咄逼人，看似聪明绝顶但最后往往是机关算尽，聪明反被聪明误。这才是真正的傻瓜。

不要因为小事窝火

人与人相处，很难不发生矛盾与摩擦。当别人嘲讽你、攻击你时，你可以反唇相讥、针锋相对，但结果肯定是大家都生气。如果因为一些小事情而冤冤相报，是很不值得的。学会不为小事生气，用宽容的心去说服对方，你才能赢得对手与众人的尊重。

生意人最常说的一句话是"和气生财"，因为做生意只有脾气好一点，说话态度和气一些，顾客才会心里舒服，愿意买你的东西。相反，如果总是一副生气的表情，不仅赚不到钱也很难做成大事。这正应了农村的一句谚语："好活计不如好脾气，好买卖全靠一张嘴。"

人的行为其实是可以相互影响的，如果你是一个面带微笑、讲话和气的人，别人跟你说话时也会客客气气的，语调也会很友好。如果你不会说和气话，别人也就不愿意对你态度好。

黄振两口子在一家饭店旁边开了一家小便利店。经常有顾客到黄振的店里买完东西后，就把车停在店门口，到饭店里吃饭。这天中午，黄振和妻子正在吃午饭，一辆高级跑车，停到店门口。一位中年男人在黄振的店里买了一包中华烟，然后就要到旁边的饭店里去吃饭。

黄振的妻子见状，连忙跑出门叫住了那个男人："先生，麻烦你把你的车子移一下吧，你的车挡在我家的店门口了。"中年男人不想移车，随口说道："我吃完饭很快就回来，不耽误你们做生意。"黄振的妻子听完后很生气："你这个人怎么这样？开个好车有什么了不起，快点把车挪开。"中年男人也不示弱："你说对了，我就是很了不起。我爱停哪就停哪，你管得着吗？"两个人你一言我一语互不相让地吵了起来。两人越吵声音越大，周围的人纷纷驻足围观。有几个路人本来想来小店买烟，一看这架势便纷纷绕道往别处去了。

黄振一见这种情况，赶紧从店里走了出来，对妻子说："行了，咱们开门做生意讲究和气生财，犯不着为这点小事和客人吵架。"随后，黄振微笑着对中年男人说："先生，不好意思，我老婆她脾气不太好，还请您多担待。"

中年男人没有说话。黄振接着说："这车真不错，您一定是大公司的老板吧？""也不算太大。"中年男人的语气已经缓和多了。"别谦虚了，您的公司怎么也比我们这家小店强，我们也就是在北京混口饭吃。"黄振说。

"都一样，大家都不容易……"那男子看了看自己的车说，"我的车停在这里，确实会影响你的生意，我给倒开吧。"黄振赶紧跑到车后面，指挥着，"倒，倒，倒……停"，协助他重新停车。就这样，一场冲突平息了，一切又恢复了正常。

作为生意人，最忌讳的就是与顾客针锋相对地争吵。当顾客情绪激动的时候，你不应该告诉顾客他错在了哪里，而是要避其锋芒，先稳定住顾客的情绪，再让顾客心平气和地听自己讲道理。

面对中年男人的不合作态度，黄振的妻子选择用感性的方式来解决问题，毫不掩饰自己的气愤，结果双方越说越僵。而黄振则非常理性和圆滑，尽管事情错不在自己，他还是本着"以和为贵"的原则，控制住自己的脾气，努力促使事态向着缓和的方向发展。他以和气的口吻与中年男人沟通，求得对方的理解和让步，使事情得以顺利解决。车挪开了，生意继续做，双方皆大欢喜。

生活中，我们经常也会遇到类似的情况。当他人的做法不合理、甚至不讲理时，如果一味地采用强硬的态度、以责问的方式去沟通，只会激起对方的抵触情绪，使事情越闹越僵，一旦出现不可收拾的局面，对双方都没有好处。

做人，就要有好脾气，学会说软话。只要是不涉及原则利益的问题，就要使气氛尽量和谐一些，千万不要因为一时之气引起冲突而影响大局。

别为无意义的事情费心思

小的时候，你是否曾经被这样的无聊想法日日夜夜地折磨着，心里总是充满了忧虑。暴风雨来的时候，担心被闪电打死；日子不好过的时候，担心东西不够吃；怕任何一个比你大的男孩会威胁你，或无缘无故地揍你一顿；怕女孩子在你向她们问好的时候取笑你；怕将来没一个女孩子肯嫁给你；还为结婚之后该对自己的太太说的第一句话是什么而操心……常常花几个小时想这些惊天动地的，却又不得不承认是杞人忧天的问题。日子一年年过去了，你渐渐发现，你所担心过的事情中，有百分之九十九的事情根本就不会发生。比方说，你以前很怕闪电。可是现在你肯定知道，你有幸被闪电击中的概率大约只有35万分之一。

事实上，我们在嘲笑这些在童年和少年时所忧虑的事时是否想过，很多成年人的忧虑也几乎一样的荒谬。如果根据平均法则考虑一下人们的忧虑究竟值不值得，并真正做到好长时间内不再忧虑，人们忧虑中有百分之九十可以消除。

罗温娜太太是一位平静、沉着的女人，她好像从来没有忧虑过。有一天夜晚，她和友人坐在熊熊的炉火前，当友人问她是不是曾经因忧虑而烦恼过。她就给友人讲述了下面的故事：

以前，我觉得我的生活差点被忧虑毁掉了。在我学会征服忧虑之前，我在自作自受的苦难中生活了11个年头。那时候我脾气很坏，很急躁，总是生活在非常紧张的情绪之下。每个礼拜，我要从在圣马特奥的家乘公共汽车到旧金山去买东西。可是就算在买东西的时候，我也愁得要命——也许他又把电熨斗放在熨衣板上了；也许房子烧起来了；也许我的女佣人跑了，丢下了孩子们；也许孩子们骑着他们的自行车出去，被汽车撞了。我买东西的时候，常常会因发愁而弄得冷汗直冒，然后冲出店去，搭上公共汽车回家，看看是不是一切都很好。难怪我的第一次婚姻没好结果，我的第二任丈夫是个律师——一个很平静、事事能够加以分析的人，从来没有为任何事情忧虑过。每次我神情紧张或焦虑的时候，他就会对我说："不要慌，让我们好好地想一想……你真正担心的到底是什么呢？

"让我们看一看事情发生的概率，看看这种事情是不是有可能会发生。如果检查一下所谓的概率法则，就常常会因所发现的事实而惊讶。比方说，如果你知道在五年内就得打一场盖茨堡战役那样惨烈的仗，你一定会吓坏了。你一定会想尽办法去加保你的人寿保险；你会写下遗嘱，把你所有的财物变卖一空。你会说：'我大概没办法活着撑过这场战役，所以我最好痛痛快快地过剩下的这些年。'但事实上，根据概率计算，50岁到55岁之间，每1000个人里死去的人数，和盖茨堡战役里16.3万名士兵中每1000人中阵亡的人数相同。当你回顾过去的几十年时，你发现大部分的忧虑也都是因此而来的。"

　　当我们都在对杞人忧天嗤之以鼻的时候，我们是否该反思一下自己，是不是也常常在不自觉地成为一个"杞人"。而为没有意义的事情，做一个忧心的人，又是多么的不必要，或者不应该!

第四章
我也不希望想得太多，但总是控制不住

想法太多，是不相信自己的表现

一个人想法太多，如果不是聪明，便就是不相信自己。因为不相信自己，所以总是想东想西。比如，怕自己有缺点，怕别人笑自己家里穷困，怕自己做不好，等等，然后，想出各种可怕的后果。其实，只要少一些想法，再难的事情也可以一件一件去处理。当你完成一个又一个当下的事情时，你的生活就会变得越来越充实，你也会变得越来越自信。

自信一点就好

对于自信的人，个人的缺点和瑕疵却能成为进取的起点、超越别人的理由。

德国著名音乐家门德尔松被称为"交响曲之父"，虽然他创作了很多经典曲目，但他的长相却让人大失所望：矮个，而且还驼着背。

身体的缺陷影响了他的婚姻，以至于天才的音乐家很长时间都是孤身一人。后来，他去一个朋友家小住，朋友的女儿弗美姬貌美如花，如天使般纯洁。门德尔松对其一见倾心，即便他自惭形秽，但最终还是鼓起十二倍的勇气向女孩表白，但女孩还未等他说完就羞答答跑开了。

门德尔松知道女孩逃避的原因，可是他并不想就这么放弃，于是再一次鼓起勇气敲开了弗美姬的房门："你一定相信婚姻是天注定的吧！"当得到女孩的肯定答复后，门德尔松继续说道："每个男孩子出生时，上帝都告诉他，哪个女孩子将来会同他结婚。我出生时，上帝为我指出了那个女孩子，并说你的妻子将是个驼背。我大声喊道：'上帝，一个女孩子驼背对她太残酷了，让我来替她做驼背，让她变成美丽的姑娘吧！'"

弗美姬最终被门德尔松的智慧所打动，嫁给了他，并辅佐其成就了一番辉煌的事业。很多人都嫉妒门德尔松如此容貌却还能娶到这么漂亮的妻子，门德尔松并未对别人的嫉妒心生痛恨，相反他却因别人对自己妻子容貌的认可而开心不已。在他看来，别人嫉妒自己娶了这么漂亮的妻子，是在变相地夸赞自己魅力不凡，如果自己身上没有足够的优点和魅力，这么漂亮的女人怎么会嫁给自己？

所以，从今天开始，面对嫉妒我们的人，真诚地说声"谢谢"，然后保持自信的笑容经营自己所拥有的幸福！

别怕嫉妒，不要自卑

知道别人为什么嫉妒你吗？因为你很幸福、快乐；你在工作上得到了晋升；你获得了一笔不小的收益；你的身材、容貌、智慧、财富、能力很出众；你正当年华、意气风发，身上有着无可估量的潜力。无论是与生俱来的优势，还是通过努力争取而来的快乐，抑或你的幸运，这些都是你足够自信的资本，那么你何必还愁眉不展，为了一个嫉妒你的人长吁短叹？

自信是成功的源泉。一个没有自信的人，不管能力多强，才华多出众，遇到多大的好事，他都不能自我肯定，甚至以消极悲观的心态对待自己面临的好事。自卑感很容易让人失去正确的判断力，做出不理智的选择，并导致恶劣的后果。

黄小茂和马荣是同事，黄小茂工作能力强，但心直口快，得罪过不少同事，也得罪过老板。马荣虽工作能力一般，但很会处理上下级及同事的关系，所以同事和老板都喜欢他。不过，能者多劳，多劳多得。黄小茂虽然在办公室不受欢迎，但因为工作能力突出，每次拿到的薪酬比包括马荣在内的其他任何同事都高，这让马荣很嫉妒，并跟其他同事联合孤立黄小茂。黄小茂原本已经有两个处得很差劲的同事，现在看见自己被更多人孤立，心想自己处理人际关系的能力也太差劲了，于是心里很自卑，可又想自己天生就是这样直来直去，改变自己是不可能的。于是，也不主动跟其他人搞好关系。久而久之，自己就成了光杆司令一个，没人愿意搭理了。黄小茂瞧着形单影只的自己，在巨大的心理压力下，最终只能选择离职。但是，就像为了发泄这一段时间以来受到的冷落一般，打定主意离开时，黄小茂找了个碴儿，与马荣大吵了一架，没想到所有人都站到马荣一边。大家怒目圆睁，摩拳擦掌，恨不得将黄小茂撕碎。最后，黄小茂带着众人的羞辱，以及糟透的心情离开了公司。整整半年时间，他都无法从这次离职的阴影中摆脱出来。

这都是黄小茂的自卑作祟酿成的恶果。如果他一直努力工作，不管他人的看法，相信相处久了大家也能够接纳他。还有一个可能就是，如果他工作的同时，接纳他人，适当做些人际调整，也能够做得越来越好。可是他却被别人的嫉妒和自己的自卑打败了。改变自己并不是为了给谁看，而仅仅只是为了让自己生活得更好。

别跟自己过不去，就没人跟你过不去

太多的人悲叹生命的有限和生活的艰辛，却只有极少数人能在有限的生命中活出自己的快乐。一个人快乐与否，主要取决于什么呢？主要取决于一种心态，特别是如何善待自己的一种心态。

生活中苦恼总是有的，有时人生的苦恼不在于自己获得多少，拥有多少，而是因为自己想得到更多。人有时想得到的太多，而自己的能力很难达到，所以我们便感到失望与不满。然后，我们就自己折磨自己，说自己"太笨""不争气"等等，就这样经常自己和自己过不去，与自己较劲。

我们都知道"杞人忧天"的故事，杞国的一个人不好好地过衣食无忧的日子，却偏偏想着：天会不会有一天掉下来砸着我呢？并为此大伤脑筋。"天"在人们头顶上，一年又一年，从没有掉下来，也从没有掉下来的迹象，为"天"发愁，实在是自寻烦恼！

烦恼无处不在，欲望无止境。

有了车子，为房子而"烦"，有了房子，为别墅而"烦"，为名誉而"烦"，为地位而"烦"；有了老婆，为没有情人而烦恼；有了工资，为没有外快而辗转反侧，钱少的人为挣钱而烦，钱多的人为钱更多而愁……

自寻烦恼是多么愚蠢而可笑啊！

静下心来仔细想想，生活中的许多你烦恼的事情，尤其是你做不到的事，并不是你的能力不强，恰恰是因为你的愿望不切实际。我们要相信自己，相信自己的能力并不是强求自己去做能力所不及的事情。事实上，世间任何事情都有一个限度，超过了这个限度，好多事情都可能是极其荒谬的。我们应时常肯定自己，尽力发展我们能够发展的东西。只要尽心尽力，只要积极地朝着更高的目标迈进，我们的心中就会保存一份悠然自得。从而，也不会再跟自己过不去，责备、怨恨自己了，因为我们尽力了。即便在生命结束的时候，你也能问心无愧地说，"我已经尽了最大的努力"，那么，你真正的此生无憾了！

所以，凡事别跟自己过不去，要知道，每个人都有或这或那的缺陷，世界上没有完美的人。这样想来，不是为自己开脱，而是使心灵不会被挤压得支离破碎，永远保持对生活的美好认识和执着追求。

别跟自己过不去，是一种精神的解脱，它会促使我们从容走自己选择的路，做自己喜欢的事。假如我们不痛快，要学会原谅自己，这样心里就会少一点阴影。这既是对自己的爱护，也是对生命的珍惜。

做好自己就好，不要太在意他人的意见

每个人都有自己做人的原则，都有自己为人处世之道，都有自己的

生活方式。生活中不必太在意别人的看法，更不能为了别人的一席话而改变自己为人的原则。

一个老头带着儿子牵着驴去赶集，驴驮着一袋粮食。他们刚出门不远，道边便有人对老头说："你真傻，为什么不骑着驴呢？"于是，老头便骑上了驴。可走不多远，又听到道边有人对他说："这老头心真狠，他自己骑着驴，让儿子走着。"老头听后，赶紧从驴上下来，让儿子骑了上去。

可又走没多远，又有人对他们说："这个孩子真不懂事，自己骑驴，让老人走着。"

于是，两人干脆都骑到驴上。没走到集上，又有人对他们说："这两人心真坏，让驴驮着东西，人还骑上去。"

老头不得不又从驴上下来，连驴驮的粮食他也自己背上了。

故事到这儿肯定还没完，说不定过一会又有人笑他们傻，放着驴不用，人却背着粮食，再过一会还会有人说他们傻，放着驴不骑。总之，人没有主见，永远也不得安宁。

无独有偶，还有这样一个故事：

从前，有一位画家想画出一幅人人见了都喜欢的画。画毕，他拿到市场上去展出。画旁放了一支笔，并附上说明：每一位观赏者，如果认为此画有欠佳之笔，均可在画中做记号。

晚上，画家取回了画，发现整个画面都涂满了记号——没有一笔一画不被指责。画家十分不快，对这次尝试深感失望。

画家决定换一种方法去试试。他又临摹了同样的画拿到市场展出。可这一次，他要求每位观赏者将其最为欣赏的妙笔都标上记号。当画家再取回画时，他发现画面又涂遍了记号——一切曾被指责的笔画，如今却都换上赞美的标记。

"哦！"画家不无感慨地说道，"我现在发现一个奥妙，那就是我们不管干什么，只要使一部分人满意就够了。因为，在有些人看来是丑恶的东西，在另一些人眼里恰恰是美好的。"

所谓众口难调，一味听信于人者，便会丧失自己，便会做任何事都患得患失，诚惶诚恐。这种人一辈子也成不了大事。他们整天活在别人的阴影里：太在乎上司的态度，太在乎老板的眼神，太在乎周围人对自己的看法。这样的人生，还有什么意义可言呢？

人各有各的原则，各有各的脾气性格。有的人活跃，有的人沉稳，有的人热爱交际，有的人喜欢独处。不论什么样的人生，只要自己感到幸福，又不妨碍他人，那就足矣！千万不要压抑自己的天性，失去自己做人的原则。只要活出自信，活出自己的风格，就让别人去说好了。正像但丁说的那样："走自己的路，让人们去说吧！"

古代有这样一个笑话：一个衙门的差役，奉命解送一个犯了罪的和尚。临行前，他怕自己忘带东西，就编了个顺口溜："包袱雨伞枷，文书和尚我。"在路上，他一边走，一边念叨这两句话，总是怕在哪儿不小心把东西丢一件，回去交不了差。和尚看他有些发呆，就在停下来吃饭时，用酒把他灌醉了，然后给他剃了个光头，又把自己脖子上的枷锁拿过来套在他的身上，自己溜之大吉了。差役酒醒后，总感到少了点什么，可包袱、雨伞、文书都在，摸摸自己脖子，枷锁也在，又摸摸自己的头，是个光头，说明和尚也没丢。可他还是觉得少了点啥，念着顺口溜一对，他大惊失色："我哪里去了，怎么没有我了？"

这虽然是一则笑话，可笑过之后，却让人深思。亨利曾经说过："我是命运的主人，我主宰我的心灵。"做人应该做自己的主人，应该主宰自己的命运，不能把自己交付给别人。

在生活中有的人却不能主宰自己。有的人把自己交付给了金钱，成了金钱的奴隶；有的人为了权力，成了权力的俘虏；有的人经不住生活中各种挫折与困难的考验，把自己交给了上天。

做自己的主人，就不能成为金钱的奴隶，不能成为权力的俘虏，要不失自我，在各种诱惑面前保持自己的本色，否则便会丢失自己。过于热衷于追求外物者，最终可能会如愿以偿，但却会像差役一样把最重要的一样东西给丢了，那就是自己。

从现在起，做自己的主人，不要让别人来控制你。达尔文当年决定弃医从文时，遭到父亲的严厉斥责，说他是不务正业，整天只知道打猎捉耗子。他在自传上写着："所有的老师和长辈都说我资质平庸，我与聪明是沾不上边的。"而就是这样一个不务正业、与聪明不沾边的人，却成了生物进化论的发现者。

我们应该做命运的主人，不能任由命运摆布自己。当我们面对生活中不可避免的挫折、困难、病痛时，如果被打败，让这些生活的绊脚石主宰了自己，整天专注于病痛的折磨上，使自己只有痛苦而没有快乐，那便是丧失了自我。真正的命运的主人，是能够战胜病痛的，是不会向命运屈服的。像达·芬奇、莫扎特、梵高等，都是我们的榜样，他们生前都没有受到命运的公平待遇，但他们没有屈服于命运，没有向命运低头。他们向命运发出了挑战，最终战胜了它，成了自己的主人，成了命运的主宰者。

挪威大剧作家易卜生有句名言："人的第一天职是什么？答案很简单：做自己。"是的，做人首先要做自己，首先要认清自己，把握自己的命运，实现自己的人生价值。只有这样，才真正算是自己的主人。

我们有权利决定生活中该做什么，不能由别人来代做决定，更不能让别人来左右我们的意志，而自己却成了傀儡。只有自己最了解自己，别人并不见得比自己高明多少，也不会比自己更了解自身实力，只有自己的决定才是最好的。

压力太大，一般是想太多造成的

如果一个人想太多，就会压力大，严重的还容易抑郁、发疯。现在患心理、精神等方面疾病的人越来越多，从根本来说，就是因为想太多的人越来越多。他们过于执着，把很多东西看得很重，或名或利或结果。其实，无论做什么事情都会有烦恼和压力。不如，让自己少想一些事情，让心情随遇而安，自然、平和、放松。

写下压力，化解压力

压力如影随形地渗入，甚至主宰了我们的日常生活，由此带来一系列负面情绪——消极、生气、沮丧、挫折和恐惧。在重压之下若想使精神状态保持平稳，不是件轻松容易的事。

我们每天都在为事业打拼，都是"起得比鸡早，干得比驴累，看着比谁都好，一肚子苦恼不知跟谁说"的状态。深圳某IT公司的小冯，今年36岁，最近一直在跟朋友抱怨生活中的种种压力，"你说我容易吗？打拼十来年，现在终于买上房子，有了私家车，全家人每年还到处旅游。但就是这样，老婆还不满意，嫌我回去晚了，抱怨我不关心她，老是打电话'查岗'，担心我有什么'小三'，回家后还不给我好脸色看；女儿在学校里除了惹祸什么好事也不干，学习成绩不好，还怪我不负责任；我在公司一年到头忙得要死，加班到天昏地暗，还总是不顺，与老总和其他副总常因理念不同产生分歧，多数情况下我不得不屈从。我这个人对下属要求特别严，不能容忍错误，经常训斥下属，搞得下属怨声载道，有几个甚至还因此跳槽；休息的日子没劲透了，除了睡觉还是睡觉，夫妻生活既没有意思也缺少激情；身体上还都是毛病，头痛失眠、腰酸背痛，稍一活动就气喘吁吁……唉，我这图的是什么呀？"

在长期的重压之下，小冯这台高速运转的"好机器"已然出现了故障，在职场人际关系、夫妻感情、父女关系和身体健康等方面都出现红色警报，到了不得不维护检修的时候。处于长期精神压力下（如持续与同事、家人发生冲突），生病概率会比平时增加5倍，小至感冒，大至癌症，都有可能出现。

长期与紧张的工作打交道，长期处于应接不暇的生活中，身体得不到应有的休息和复原，很容易产生消极的忧虑情绪。对此，我们应当进行有效的压力管理。

美国心理协会的斯科菲尔德博士提倡通过"写出压力"的方式减压。就是用一支笔把你目前生理和心理上面临的各种压力写在一张张小纸条上，然后把小纸条都揉成一团，像投篮一样扔进远处的纸篓，头脑中想象你已经轻松地甩掉这些烦恼了，最后将没有投中的纸团用安全的方式点燃烧掉，打开窗户深呼吸一口气或者大喊一声，事后你会觉得无比轻松，感觉压力没有想象中那么可怕和令人窒息了。

这种方法是你直面压力并与之较量的一种体验，写出压力的过程其实就是在减压。消化掉压力和烦恼后，你会得到新的压力免疫体，即使再大的压力袭来，你都能处变不惊地化解掉。

万事顺其自然，找到快乐支点

古人云："万事劳其形，百忧撼其心。"百忧，说的就是想法太多。现如今，高度激烈的竞争压力，错综复杂的人际压力，难免令人思虑过度、忧心劳神，不仅睡眠质量不好，还会引起内分泌失调，影响身体系统的正常运转。

很多时候压力都是自找的，谋事在人，成事在天，坦然接受压力和不完美的结果，就是你发现快乐的开始。在情绪焦躁和压力过大时，你需要释放情绪，比如回忆以前的种种快乐，适时消遣娱乐一下，在家中听听舒缓的音乐，与好友品茗、聊天。快乐是一种积极的情绪，来自你对周围事物乐观的看法和认识。只有顺其自然，学会自我调节，你的工作才能张弛有道，顺利发展。

当然，当周遭压力使你焦虑不堪、接近崩溃时，就应该及时求助心理医生了。一旦压力超过你所能承受的极限，就会彻底击垮你。在国外，看心理医生其实就跟看牙医一样普通。心理医生会通过专业的方法替你解压，对你进行心理上的按摩和慰藉，减小你所面临的压力。

除了心理医生外，家人和朋友都是帮你缓解压力的坚强后盾。把你的烦恼向他们诉说，相信就能很好地排遣内心的郁闷和烦躁。

国内著名的电影人姜文在接受采访时说，他的母亲现在从不关心他的事业发展如何，只关心两件事：一是"你吃得好不好"；二是"你睡得香不香"。刚开始姜文还不理解，可到后来慢慢领悟了：构成健康最本质的东西不就是吃得好、睡得香吗？不要再被人贴上"工作起来不要命"的标签了，不会休息的人就是愚蠢的傻瓜，没有健康的人根本就没有未来。

成就事业，不能急于一时。人生是一场马拉松，你的目标是顺利跑完全程，而不是前半程冲刺、后半路退场。压力再大也要顺其自然，找到快乐支点，多保持好的心情，"偷着乐"，拥有好的身体，才能在未来获得无穷收益。

面对压力，改变自己的心境，才能改变自己的人生

一座山上，有两块一模一样的石头。几年后，两块石头的境遇却截然不同：第一块石头受到众人的敬仰和膜拜，第二块石头始终默默无闻、无人理睬。不招待见的石头抱怨道："为什么同样是石头，差距竟然这么大？"第一块石头微笑着说："几年前，山里来了一个雕刻家，决定在我们身上雕刻。你害怕一刀一刀割在身上的疼痛，拒绝了；我却一刀一刀忍受下来，现在成了佛像。"抱怨的石头听完这句话，顿时哑口无言。

"天将降大任于斯人也，必先苦其心智，劳其筋骨，饿其体肤。"所谓的大任，我想也是他所要承担的压力。社会是真实而残酷的，我们都面

临着压力，被生活一刀一刀地雕刻着。在艰苦日子的洗礼中，我们收获宝贵的人生经验，拥有更加成熟的心志，从而一步步走向富裕和成功。

高晋是北京一家著名报社的副主编，他说："不要看我今天这么风光，想当年刚开始做实习记者时可是受尽侮辱。有一次主编看过稿子后不满意，把我臭骂一顿，把稿子扔了一地，我只好趴在地上，从女同事脚边把稿子捡起来；新闻部主任也常这样训我：'咱这里是用人的地方，真想不明白你在学校里都学了什么东西，难道让我每天帮你修改那些文理不通的稿子吗？'……仔细想想，如果没有那段'窝囊'经历，我还真达不到今天这个水平。"可以说，他在那段经历中顶着很大的压力在工作。

我们每个人活在社会中，注定会面临太多太多的压力：出身不如别人，生存很艰难；生活的圈子太小，办事处处费心；感情上受到挫折，爱情至今难寻……似乎处处都有绊脚石，令你头疼不已。

这时候，你要具备一种"蘑菇"心态，暗自成长，学会忍受一些不公正的待遇，比如"被安排到不受重视的部门""总是做一些琐碎的小事""遭遇上司的冷嘲热讽""偶尔还代人受过"等。别人越是忽视你或自己越遭遇挫折，你越不要消沉。换个角度看，你会发现这是一件好事，会消除你不切实际的幻想，在无形中形成你的职业态度，使你认识到脚踏实地、用心努力，才能赢得别人的尊重，学到真本事。否则，一受到委屈，就叫嚷着"大不了不干了"，只能被视为不成熟的表现，也难逃"光荣离职"的命运。

对于生活、事业上的种种困难，各种压力，你是沮丧失望下去，继续郁闷下去，长吁短叹下去，还是改变心境，熬过去？有句歌词唱得好"没有人能够随随便便成功"，风光的背后都是苦难和艰辛，好日子来之不易，它需要你不生气不抱怨，坚定不移地朝着正确的方向走下去。

每天，我们都应该心平气和地面对生活中的种种苦难和不如意。压力可以折磨人，也可以锻炼人。那么，从现在起，改变我们的心境，不生气、不抱怨地生活。

克制发怒的办法就是，别想太多，静下来

有一个头脑简单、爱生气的人，常常听到别人家的狗叫就跺脚骂上半天。他也知道自己脾气不好，可就是改不了，为此而烦恼不已。

后来有一天，他去城郊的寺庙，虔诚地请教一个高僧："我如何才能克制自己的怒气呢？"高僧笑呵呵地回答："很简单啊，我教给你10个字，'小怒数到十，大怒数到千'，这样就可以了。"高僧简单的回答让他将信将疑，就这样心有不甘地回家了。

当他赶回家里，发现自己的老婆正跟另外一个人并头睡在一起。妒火中烧的他转身操起一把菜刀，准备冲进去砍了这对"奸夫淫妇"。

这时候，他猛然想起高僧教给他的10个字，就强忍着怒火，开始在心里数数。刚数到8的时候，那个"奸夫"突然醒了过来，看着他拿着把菜刀站在自己面前，吓了一跳，说："儿啊，你拿着菜刀做什么！"

原来是这个人的母亲看儿子迟迟不归，特地过来陪儿媳妇聊天。两人等困了，就睡在一起了。

他惊出了一身冷汗，心想："原来是他想多了，幸亏高僧告诉了我制怒的智慧，不然我已经杀了老娘和媳妇了！"

你看，想做到不生气，其实不需要多么长时间的心灵修炼，自己别

多想，先想办法静下来，过一会，像这样简单"小怒数到十，大怒数到千"就可以了。

发一通脾气、出一口恶气确实很容易，但是代价很大，那样就像你为了赶走一只聒噪的乌鸦而砍掉整棵枝繁叶茂的大树一样，结果得不偿失。你可能见到过或自己亲身经历过这样的情况：朋友之间，因为一句闲话争得面红耳赤，最后撕破脸皮、形同陌路；邻里之间，因为孩子打架导致两家大人拌嘴，最后老死不相往来；夫妻之间，因为家庭琐事互不相让，最后情断义绝、劳燕分飞。当我们以愤怒代替了理智时，结局注定是两败俱伤。

与人相处时，当对方情绪过于激动时，一定要先克制自己不生气、不动怒。现实中，让人生气发怒的事情时有发生，这时候你一定要做一个头脑冷静的人，忍住一时的怒气，理智地处理各种不愉快，用平和对待无理。毕达哥拉斯说过："愤怒始于愚蠢，终于懊悔。"如果你不去忍耐，任意放纵自己的怒气，首先伤害的就是自己的身心。如果对方是有意气你、刺激你，你忍不了怒气，就很容易中计，被人牵着鼻子走。

因此，遇到事情情绪激动时不妨先让自己静下来，有意拖延发怒的时间，哪怕做几次深呼吸，也是缓解情绪的好方法。

压力可以转化为动力

非洲某国的一个天然动物园里养着各种各样的动物，某一个角落里栖息着狼和麋鹿。动物园管理员发现，由于狼群不停的追杀，麋鹿面临着灭顶之灾。于是人们决定消灭一些恶狼。狼群的嚣张气焰被无情的子弹镇压下去，然而奇怪的是，麋鹿不仅没有因此活跃起来，反而日渐衰弱。经过观察，管理人员终于发现，有凶恶的狼群追杀时，麋鹿个个高度警觉，不停地奔跑，使它们身强力壮。现在，狼群构不成威胁了，麋鹿变得懒洋洋的，体质明显下降。明白这个道理后，管理人员又设法让狼群壮大起来。于是麋鹿又一次开始了面临厄运的"健身运动"，鹿群又壮大起来。

压力是一把双刃剑，利用得好，压力可以转化动力，使人披荆斩棘，勇往直前。致力于研究压力对人类身心影响的加拿大医学教授赛勒博士曾说："压力是人生的燃料。"面对压力，无以计数的人知难而上，成就了七彩的人生。"井无压力不喷油，人无压力轻飘飘。"当年电影《创业》，从铁人王进喜口里蹦出的这两句充满哲理的话，至今还值得人们回味和深思。

我们无法回避压力，那就掌握一套行之有效的化解压力的方法吧。学会应对压力的技巧，与压力共舞，这是人生的一门必修课。

当你感到沉重时，也许应该庆幸自己不是总统，因为他背的篓子比你的大多了，也沉重多了。

人生路坎坷的时日居多，升学、工作、晋级、成家哪一个环节都不可能一帆风顺，大部分时间人在负重而行。领导同事的误会、工作上的摩擦、生活上的不如意都是令人难过的源泉。这时候，人就得有负重而行的心理承受力，否则不够宽容，不够豁达，不会变通，最终会把自己逼入死角。

负重而行当然是一种痛苦，但没有负重就不可能体会无重的轻松惬意，没有负重而行，也就无所谓责任，从而也就无所谓取得成就，当然也就体验不到那种如释重负的快感了。没有负重的生命是不完整的生命，没有负过重的人生是不圆满的人生。

别让胡思乱想控制了你的人生

若是整天把什么事情都想得很糟糕，那么往往本来顺利的事情都会出现一些小插曲。胡思乱想，有时生活中不会表现出来，你也不会跟谁说，但是你心里面时时刻刻都在想，那么你做其他事情就没有那么专注，这将直接左右你做事情的成败。即使胡思乱想对你做事的结果没有影响，也会扰乱你的心情，让你变得不快乐。

让你的心情放轻松，静而后能安

有一次，丘吉尔新到北非蒙哥马利将军行辕去闲谈时，蒙哥马利将军说："我不喝酒，不抽烟，到晚上十点钟准时睡觉，所以我现在还是百分之百的健康。"丘吉尔却说："我刚巧跟你相反，既抽烟，又喝酒，而且从不准时睡觉，但我现在却是百分之二百的健康。"很多人都认为这是怪事——以丘吉尔这样一位身负第二次世界大战重任，工作繁忙紧张的政治家，生活这样没有规律，何以寿登大耄，而且还百分之二百的健康呢？

其实，只要稍加留意就可知道，他健康的关键，全在有恒的锻炼，轻松的心情。毫无疑问，丘吉尔既抽烟，又喝酒，且不准时睡觉，这些并不足为训。但是我们是否知道，丘吉尔即使在战事最紧张的周末还去游泳，在选举战白热化的时候还去垂钓，而且他刚一下台就去画画，估计很多人也没见他那微皱起的嘴边上，斜插着一支雪茄的轻松心情吧！

因此，我们不妨学着丘吉尔那样给自己的心情放个假吧！也许我们不可能完全做到丘吉尔的完美，但是我们只要学到一半，就可以得到百分之百的健康。

在现实生活中，使自己的心情轻松的第一要诀是"知止"。"知止"于是而心定，定而后能静，静而后能安，心情还有什么不轻松的呢？

使心情轻松的第二要诀是"谋定而后动"。做任何事情，要先有周密的安排，安排既定，然后按部就班地去做，如此便能应付自如，不会既忙且乱了。在这瞬息万变的社会里，免不了也会出现偶发的事件，此时更要沉住气，详细而镇定地安排。事事谋定而后动，就一定要像中国史书中的谢安那样，在淝水之战最紧张的时刻还能闲情逸致地下棋。

使心情轻松的第三要诀是不做不胜任的事情。假如我们身兼数职，却顾此失彼，又有何快乐可言呢？或者用非所长，心有余而力不足，心情又怎么会轻松呢？

使心情轻松的第四要诀是"拿得起，放得下"。对任何事情都不可一天24个小时地念念不忘，寝于斯，食于斯。否则，不仅于身有害，而且于事无补。

使心情轻松的第五要诀是在轻松的心情下工作。工作尽可紧张，但心情仍须轻松。在我们肩负重担的时候，千万记住要哼几句轻松的歌曲。在我们写文章写累了的时候，不妨高歌一曲。要知道心情越紧张，工作越做不好，一个口吃的人，在他悠闲自在地唱歌时，决不会口吃；一个上台演讲就脸红的人，在与他爱人谈心时一定会娓娓动听。要想身体好，工作好，就一定要在轻松的心情下工作。

使心情轻松的第六要诀是多留出一些富裕的时间。好多使我们心情紧张的事，都因为时间短促，怕耽误事。若每一样事都多打出些时间来，就会不慌不忙，从容不迫了。最好的办法就是永远把自用表拨快一个恰当的时间。时时刻刻用表面上的时间警惕自己，如此则既不误事，又可轻松。

人生就像一条河，有其源头，有其流程，有其终点。不管生命的河流多长，最终都要到达终点的海洋。人生终有尽头，不妨活着的时候，多学学丘吉尔那样放松心情，快乐地活着，岂不是更好。

在彷徨中修养心灵，收获的更多

有个叫阿巴格的人生活在内蒙古草原上。有一次，年少的阿巴格和他父亲在草原上迷了路。阿巴格又累又怕，到最后快走不动了。父亲就从兜里掏出5枚硬币，把一枚硬币埋在草地里，把其余4枚放在阿巴格的手上，说："人生有5枚金币，童年、少年、青年、中年、老年各有一枚，你现在才用了一枚，就是埋在草地里的那一枚。你不能把5枚都扔在草原里，你要一点点地用，每一次都用出不同来，这样才不枉人生一世。今天我们一定要走出草原，你将来也一定要走出草原。世界很大，人活着，就要多走些地方，多看看，不要让你的金币没有用就扔掉。"在父亲的鼓励下，阿巴格走出了草原。长大后，阿巴格离开了家乡，成了一名优秀的船长。

这个故事告诉我们：只要我们珍惜生命，就能走出挫折的沼泽地。

人的生命只有一次，是父母的给予和上苍的恩赐，生命本身就是一种幸福。在历史的长河中，人的生命是短暂的，总有一天会走到终点，千金散尽，一切都如过眼云烟，只有精神长存世间。

美国克莱斯勒汽车公司的首脑人物李·艾柯卡，当初在福特汽车公司时，曾因工作不被信任而遭辞退。但他没有气馁，终于事业有成。

我国著名历史学家蔡尚思在年轻的时候也曾多次失业，一次被解聘后，他无事可干，便一头钻进了南京图书馆，利用一年多时间翻阅完数万卷的历代文集，收集了大量的资料，为他日后的研究打下了扎实的基础。因此，他的朋友称他"这段生活与其说是失业，还不如说是得业"。

如果你珍爱生命，请修养你的心灵。在纷纷扰扰的世界上，心灵不能如流水不安，当似高山不动。居住在闹市，在嘈杂的环境之中，不必关闭门窗，任它潮起潮落，风来浪涌，我自悠然。面对世俗，如砥柱不随波逐流；面对权贵，如雪峰坚守自己的高洁。这是勇敢，也是骨气。身在红尘中，而心早已出世，如佛之能容天下难容之事，笑世间可笑之人。这是洒脱，也是一种境界。

心灵是智慧之根，要用知识去浇灌。读万卷书，行万里路。哲学使我们聪明，历史使我们明智。让知识真正成为心灵的一部分，成为内在的涵养，成为包藏宇宙、吞吐万物的大气魄。

人生要有所追求，追求事业，追求爱情，追求美好的生活。只有追求，生活才会更精彩，世界才会更美好。人还要有一颗平常心，要知道，我们中大多数都是普通人，个人的力量永远是渺小的，客观条件永远是第一位的，主观愿望永远是第二位的。不刻意，顺自然，常知足，平平淡淡也是福。

忘"我"一片清朗

卡耐基说过，一个人只要对别人真感兴趣，在两个月之内他所得到的朋友，就能比一个要别人对他感兴趣的人，在两年内所交的朋友还要多。

生活中你有没有总是以"我"为中心？和别人争吵的时候，你是不是认为自己是对的，是不是不太愿意接受别人的批评？当你遭遇挫折和失败的时候，是不是总抱怨运气差，老天对"我"不公平？

生活中关心自己、看重自己，这都没错，但任何事情都是过犹不及。太看重自己，则会刚愎自用，失去人生中许多有价值的东西，比如友谊、人格等。忘"我"可以让天空一片清朗。好事不争不抢，先人后我，这是一种忘"我"；困难面前，不推不让，这也是一种忘"我"。忘"我"方显人格的高贵，才是英雄本色。忘"我"才能得到别人的尊重、社会的认可，才能让心灵的天空一片清朗。

卓别林是世界闻名的喜剧大师。一次他谈到成功的经验时，告诉人们，其实他的表演才能并不比别人高多少；相反，比他更富有才华的演员多得是，但是他有两样东西是其他人难以比拟的。第一，他能在舞台上把他的个性显现出来。他是表演者，了解人类的天性。他的每一个手势，每一个语气都是精心考虑过的。第二，他对别人真诚地感兴趣，把别人放在第一位。他说，许多表演者面对观众，总对自己说："嗯，坐在底下的那些人是一群傻瓜，一群笨蛋，我可以把他们逗得团团转。"但他却对自己说："我很感激，因为这些人来看我的表演。他们使我能够过着一种很舒适的生活，我要把我最高明的手法，表演给他们看。"卓别林说，他每次上台后，都会忘却自己，全身心投入，都要一再地对自己说："我爱观众，我爱观众。"正是因为他能够处处为观众着想，所以才能赢得观众的掌声。任何表演，最精彩的时候，也正是演员忘"我"的时候，人生的大戏也一样。

忘"我"之人，甘于做幕后英雄，甘于做无名英雄。19世纪中叶美国的实业家菲尔德率领工作人员用海底电缆把欧美两个大陆连接了起来。为此，他成为美国当时最受尊敬的人，被誉为"两个世界的统一者"。可就是这样的人，在举行接通庆典时，却坚持不上贵宾台，只远远地站在人群中观看。

忘"我"之人，工作上不推不让，能赢得领导赞同；利益上不争不抢，能赢得一片宁静；挫折中，不卑不亢，能赢得最终成功；生活中不以"我"为中心，能赢得美好人生。

忘"我"不是丢失"我"，不是没有自我，不是一味的"让"，也不是无原则的后退。忘"我"是一种高风亮节，是一种修养，是一种美德。

看淡生活中的不平事

生活中常有不公平的事情出现，努力了，付出了反而没有得到回报的事情也不仅只出现在你的身上。由于地球是圆的，总有一些人站在圆的切线点上比你早几分钟看到太阳。人生的事情，很难做到公平，有些人生下来或许就含着"金钥匙"，而有些人或许生下来身体就不完整，这些都是我们先天无法掌握的，只能接受。面对这些所谓的不平，平庸之辈只会埋怨，不以实际行动去改善，结果与别人的差距越来越大；智者则会坦然地接受它们，积极地用后天的努力去改变这种不平，赢得自己的人生，也赢得更多的敬佩。

斯蒂芬·威廉·霍金著名的物理学家，对于他而言，命运是很不公平的。他天生就是一位中枢神经残废者，由于肌肉严重衰退，失却了行动能力，手不能写字，话也讲不清楚，终生要靠轮椅生活。但是他并没有因这些身体的残废而怨天尤人、斤斤计较，也没有因为身体的局限而停止人生的探索。相反，斯蒂芬·威廉·霍金曾先后毕业于牛津大学和剑桥大学三一学院，并获剑桥大学哲学博士学位。

由于身体行动的不便，他只能用一个小书架和一块小黑板完成他的研究过程。在他的研究过程中，他无数次克服了常人无法想象的困难，最终在天文学的尖端领域——黑洞爆炸理论的研究中，通过对"黑洞"临界线特异性的分析，获得了震惊天文界的重大成就，为此荣获了1980年度的爱因斯坦奖金。

然而，这位失去了行动能力的科学家在1985年病情恶化，连语言能力也被剥夺了。这时候的他依然没有把时间放在埋怨命运上，他利用一台电脑声音合成器来间接表达他的思想，争分夺秒地在他有限的生命中创造奇迹。他用仅能活动的几个手指操纵一个特制的鼠标器在电脑屏幕上选择字母、单词来造句，然后通过电脑播放声音。有时候，为了合成一个小时的录音演讲霍金要准备10天。身体如此不便，却丝毫没有减慢他研究的速度，他在统一20世纪物理学的两大基础理论——爱因斯坦的相对论和普朗克的量子论方面走出了重要一步。如今，他已经被称为在世的最伟大的科学家、当今的"爱因斯坦"。我想这种殊荣，斯蒂芬·威廉·霍金当之无愧。

　　生命和生活有时候并不如我们想象中美好，它们对于我们每一个人的待遇都有所偏心，有的人确实生于荣华，处于丰顺；有的人或许就没有那么多天生的优势。不过相信上帝在为你关上一扇门的同时，肯定会为你打开一扇窗。只有看淡这些不平，才能潜心去做正经的事情。我们的心和胸怀就那么大，如果装满了埋怨和愤愤不平，又怎么能有心思去探索自己的梦想呢？

　　生活的真谛是淡然。面对人生的不公，不可强求，安心做好自己的事情就够了。生活就是如此，它给了你什么你是无法改变的，不如坦然地接受，利用它赋予你的东西去实现自己的人生价值。看淡生活的不平，便是懂得如何生活。懂得生活的人，不仅仅是成功的人，也是智慧的人。没有什么可以完全按着你的意愿去发展变化的，有时候付出了、努力了反而没有回报的事情并不代表白白付出，相信你的付出肯定会以其他形式，在其他方面补偿你。付出和回报有时候展现出的不平衡，只是暂时现象，需要从长远的角度来看。然而有的人偏偏不懂这一点，他们不把精力放在奋斗上，放在探索人生上，反而苦苦追寻着平衡，换来的也不过是劳累罢了。真正的愚蠢便是不懂生活，只会怨天尤人。

面对生活中不公平的人和事，不要过分强求。生活本是如此，只要学会生活，懂得生活，就会看淡生活中的不平事。

第五章

少想些没用的，多想点有用的

把时间用在有意义的事情上，能抵消无谓的想法

听说过很多人有抑郁的表现，甚至是很多名人也有同样的症状。而究其原因，是因为长期在万众瞩目下，一旦没有事情做，就会变得无所事事，就是变得空虚、烦躁。所以说，人要经常给自己设立一个目标，要追求更高远的目标，当你眼睛盯着一个小地方的时候，你就看不到更宽阔的地方和更远的未来。因此，我们要放下那些意义不大的事情，专心做有意义的事情，这样那些无意义的信息便会与你无关，你便成为一个有意义的人了。

无论境遇如何，都欣然接受

"为什么倒霉的总是我……"

常常会有人这么问，是啊，为什么倒霉总会落到你的身上呢？短时

间看，倒霉肯定是不公平，或者就是运气不好。但是如果仔细想，你会发现，这一切都是有原因的，至少在佛家的因果说中是能够自圆其说的。

但是我们也知道，当我们遭遇人生突变时，无论是谁，多多少少都会有些抱怨。比如，某人因为工作调岗而不高兴。可是回头想，调岗能够让你对公司的工作有更加系统的了解，对你以后的工作带来不少的帮助，说不准还能够让你发现自己的另一长处。还有人，因为喜欢的人不理自己而不高兴。可是回头想，如果是你自己在忙的话，也会不怎么理别人。当然如果别人不喜欢你，不理你，那你就更没有必要不高兴了，因为你的喜欢本就是要让你能够有好的情绪的。

这看似有点无奈的辩解，也的确是人生的一种境遇，人生的境遇本来就是常常发生变化，无论如何你都得保有乐观的心境。

有句"诸行无常"的佛语，其意思是说，世间的一切事物时刻都处于变化之中。再怎么糟糕的工作，你去好好做，也就是一个享受的过程，再怎么好的工作如果你不好好去做的话，结果也会是一团糟。

对于不喜欢你的人，要么你自己改变，变得让人家喜欢，要么你不如承认这是客观的存在，因为你也有不喜欢的人。何必太过勉强的去强人所难呢？"子所不欲勿施于人"这句流传几千年的话至今适用。

也就是说，对人生中所有的无常、变化，我们欣然接受就好了。即使是不利的、糟糕的，我们也应当避免让自己的情绪变坏。

日本的经营之神松下幸之助曾如是说道："顺境也好，逆境也好，最重要的是在上天赐予的境遇中坦然地活下去。"这绝对是至理名言。

只要坦然地活着，就没有境遇好坏之分。改变你的境遇的永远是你的生活态度，所以，为了有更好的境遇，我们何不如欣然接受呢？

犹豫不决、优柔寡断是一个阴险的仇敌

犹豫的习惯往往会妨碍人们做事，因为犹豫会消灭人的创造力。比如写信就是一例，一收到来信就回复，是最为容易的，但如果一再拖延，那封信就不容易回复了。因此，许多大公司都规定，一切商业信函必须于当天回复，不能让这些信函搁到第二天。其实，过分的谨慎与缺乏自信都是做事的大忌。有热忱的时候去做一件事，与在热忱消失以后去做一件事，其中的难易苦乐要相差很大。趁着热忱最高的时候做一件事情往往是一种乐趣，也是比较容易的；在热情消失后，再去做那件事，往往是一种痛苦，也不易办成。

命运常常是奇特的，好的机会往往稍纵即逝，有如昙花一现。灵感往往转瞬即逝，所以应该及时抓住，要趁热打铁，立即行动。如果当时不善加利用，错过之后就后悔莫及。当一个生动而强烈的意念突然闪耀在一个作家脑海里时，他就会生出一种不可遏制的冲动，提起笔来，要把那意念写在纸上。但如果他那时因为有些不便，无暇执笔来写，而一拖再拖，那么，到了后来那意念就会变得模糊，最后，竟完全从他思想里消逝了。一个神奇美妙的幻想突然跃入一个艺术家的思想里，迅速得如同闪电一般，如果在那一刹那间他把幻想画在纸上，必定有意外的收获。但如果他拖延着，不愿在当时动笔，那么过了许多日子后，即使再想画，那留在他思想里的好作品或许早已消失了。

没有哪一种习惯比犹豫更为有害。有的人身体有病却拖延着不去就

诊，不仅身体上要受极大的痛苦，而且病情可能恶化，甚至成为不治之症。更没有哪一种习惯比犹豫更能使人懒怠、减弱人们做事的能力。决断好了的事情犹豫着不去做，还往往会对我们的品格产生不良的影响。唯有按照既定计划去执行的人，才能增进自己的品格，才能受到他人景仰。其实，人人都能下决心做大事，但只有少数人能够一以贯之地去执行他的决心，也只有这少数人是最后的成功者。

更糟糕的是，犹豫有时会造成悲惨的结局。恺撒大将只因为接到报告后没有立即阅读，迟延了片刻，结果竟丧失了自己的性命。曲仑登的司令雷尔叫人送信向恺撒报告，华盛顿已经率领军队渡过特拉华河。但当信使把信送给恺撒时，他正在和朋友们玩牌，于是他就把那封信放在自己的衣袋里，等牌玩完后再去阅读。读完信后，他情知大事不妙，等他去召集军队的时候，已经太晚了。最后全军被俘，连他自己的性命也丧在敌人的手中。就是因为数分钟的迟延，恺撒竟然失去了他的荣誉、自由和生命！

人应该极力避免养成犹豫的恶习。受到拖延引诱的时候，要振作精神去做，决不要去做最容易的事，而要去做最艰难的事，并且坚持做下去。这样，自然就会克服犹豫的恶习。拖延往往是最可怕的敌人，它是时间的窃贼，它还会损坏人的品格，败坏好的机会，劫夺人的自由，使人成为它的奴隶。"立即行动"，这是一个成功者的格言。要医治犹豫的恶习，唯一的方法就是立即去做自己的工作，只有"立即行动"才能将人们从拖延的恶习中拯救出来。要知道，多拖延一分，工作就难做一分。

"明日复明日，明日何其多。我生待明日，万事成蹉跎。"放着今天的事情不做，非得留到以后去做，其实在这个拖延中所耗去的时间和精力，就足以把今日的工作做好。所以，把今日的事情拖延到明日去做，实际上是很不合算的。有些事情在当初来做会感到快乐、有趣、如果拖延了几个星期再去做，便感到痛苦、艰辛了。每天都有每天的理想和决断，昨日有昨日的事，今日有今日的事，明日有明日的事。今日的理想，今日的决断，今日就要去做，一定不要拖延到明日，因为明日还有新的理想与新的决断。所以，想到了，就立刻去行动吧，不要再犹豫了！

世间最可怜的人就是那些举棋不定、犹豫不决的人。有些人简直优柔寡断到无可救药的地步，他们不敢决定种种事情，不敢担负起应负的责任。之所以这样，是因为他们不知道事情的结果会怎样——究竟是好是坏，是凶是吉。他们常常担心今天对一件事情进行了决断，明天也许会有更好的事情发生，以致对今日的决断发生怀疑。许多优柔寡断的人，不敢相信他们自己能解决重要的事情。因为犹豫不决，很多人使他们自己美好的想法陷于破灭。如果有了事情，一定要去和他人商量，不取决于自己，而取决于他人。这种主意不定、意志不坚的人，既不会相信自己也不会为他人所信赖。所以，要逼迫自己训练一种遇事果断坚定的能力、遇事迅速决策的能力，对于任何事情都不要犹豫不决。

有这样一个人，他什么都好，就是有一个缺点，就是他从来不把事情做完。无论做什么事情，他都给自己留着重新考虑的余地，比如他写信的时候，如果不到最后一分钟，就决不肯封起来，因为他总担心还有什么要改动。我时常看见他，把信都封好了，邮票也贴好了，正预备要投入邮筒之时，又把信封拆开，再更改信中的语句。他身上一件最好笑的、也是人尽皆知的事是，一次他给别人写了一封信，然后又打电报去，叫人家把那封信原封不动立刻退回。这个人是我的好友，也是个社会名人，在其他方面有着非常出色的才能与品格，但是正是由于他这种犹豫不决的习惯，使他很难得到其他人的信赖。所有与他相识的人，都为他这一弱点感到可惜。

我还认识一个令人尊敬的妇女，她也是个犹豫不决的人。当她要买一样东西的时候，她一定要把全城所有出售那样东西的商场都跑遍。当她走进了一个商店，便从这个柜台跑到那个柜台，从这一部分跑到那一部分。她从柜台上拿起了货物时，会从各方面仔细打量，看了再看，心中还不知道喜欢的究竟是什么。她看了又看，还会觉得这个颜色有些不同，那个式样有些差异，也不知道究竟要买哪一种好。她要买一样取暖的衣帽，不喜欢穿戴着太笨重，又不喜欢过分暖热。她要那一样衣物，既便于夏天又便于冬天，既适用于高山又适用于海滨，不仅可用于礼堂又可用之于影剧院。心中带着这几种几乎不可能的苛求，她还能从哪里买到这样的东西呢？万一碰巧她买到了这样一件衣物，她心中还是怀疑所买的东西是否真的不错？是否要带回去询问他人的意见，然后再去店中调换？无论买哪一样东西，她总要掉换两三次，最后还是感到不满意。她还会问各种问题，有时问了又问，弄得店员们十分厌烦。结果，她也许竟一样东西也不买，空手而去。

虽然，决策果断、雷厉风行的人也难免会发生错误，但是他们总要比做事处处犹豫、时时小心的人要强得多。当然，对于比较复杂的事情，在决断之前需要从各方面来加以权衡和考虑。要充分调动自己的常识和知识，进行最后的判断。但一旦打定主意，就决不要再更改，不再留给自己回头考虑、准备后退的余地。一旦决策，就要断绝自己的后路。只有这样做，才能养成坚决果断的习惯，这样既可以增强人的自信，也能博得他人的信赖。有了这种习惯后，在最初的时候，也许会时常作出错误的决策，但由此获得的自信等种种卓越品质，足以弥补错误决策可能带来的损失。

优柔寡断，对于一个人品格上的训练，实在是一个致命的打击。犯有此种弱点的人，从来不会是有毅力的人。这种性格上的弱点，可以败坏一个人的自信心，也可以破坏他的判断力，并大大有害于他的全部精神能力。果断决策的力量与一个人的才能有着密切的关系。如果没有果断决策的能力，那么你的一生就像深海中的一叶孤舟，永远漂流在狂风暴雨的汪洋大海里，永远达不到成功的彼岸。正是因为犹豫不决，很多人使他们自己美好的想法陷于破灭。

所以，对你的成功来说，犹豫不决、优柔寡断是一个阴险的仇敌，在它还没有伤害到你、破坏你的力量、限制你一生的机会之前，你就要即刻把这一敌人置于死地。不要再等待、再犹豫，决不要等到明天。今天就应该开始。

不断学习，提高能力

摩托罗拉大学大力倡导严密、高效率和主动进取的文化。摩托罗拉大学校长威廉姆·A.威根豪恩说："我们是统一行动的队伍。"

为鼓励员工重返学校的培训计划，摩托罗拉采取了一些必要的措施，譬如：掌握一门新技术可以使员工有资格晋升。

为使培训课程具有趣味性，课堂上的许多问题来自摩托罗拉公司的实践；教师采用生动的教学方式，落后生还可以得到教师的单独辅导。

如果有些员工仍达不到应有的要求，他们就可能被降级。

实际上，课堂教学不仅是摩托罗拉公司培训的一部分，更重要的是"现场操作"或实习。

由此可见，企业培训工作可使员工从各方面都受益匪浅。因此，企业员工要抓住企业培训这一契机，学习各种知识，不断提高充实自己。虽然别的公司的培训也许不如摩托罗拉正规和严格，但是目前很多企业都已看到企业培训的好处，在今后发展趋势中，他们一定会越来越重视该项工作。

有位公司老板就曾深有感触地说："目前和未来社会中，科学技术的发展和社会关系的日益复杂化，不仅使知识在企业中日趋重要，而且使培训成为一种日常活动。"所以，企业员工要想成为老板欣赏的人，就必须重视企业的培训工作，并给予积极的配合。因为企业培训的目的就是要使员工成为知识丰富、业务熟练、敬业爱岗的人，成为企业的中流砥柱，并借此增进员工之间的团结精神及相互间的依赖关系，形成自己的企业文化，并对员工进行实际的为人处世教育。

在这个知识经济的时代，学习已不再被认为是上学时的事，学习的内涵已经发生了很大的变化。学习已经没有时间的分隔、人员的界定和学习场所的限制，学习已变成了终身的事情，人们必须随时随地地学习，因此学习能力的提高远比学习知识更重要。

曾子说过，"吾日三省吾身"。人们在各种活动中必须要经常自省，审视自己。社会心理学家研究表明，人们在对事物进行归因时，通常是把积极的结果归因于自己，把消极的结果归因于情境。如果这样，你很难做到主动、积极、公正地审视自己。

因此，我们要想提高自身学习能力，就必须要勇敢、主动、客观地反省自身情绪、思维及能力，准确评估组织及客观世界，勇于打破旧的格局，创建新的发展要素。

正如狄更斯所言，"不论我们多么盲目和怀有多深的偏见，只要我们有勇气选择，我们就有彻底改变自己的力量。"学习能力的提高也是一样。

克制自我，把精力投入到工作中

人人都渴望成功，但是大部分人都是希望自己成功，而不是一定要成功。不成功就做个普通得不能再普通的凡人，也觉得不错。有这样的想法，自然成功的动机不是特别强烈，因此，倘若碰到什么需要付出代价时，就退而求其次了，或者干脆放弃。而成功者之所以成功，是因为他们发誓一定要成功。真正地追求成功，就要摆正心态，以坚实的精神力量作支撑。

有一个故事说明了坚强的意志对把握人生机会的重要性：

一个商人需要一个小伙计，他在商店里的窗户上贴了一张独特的广告："招聘：一个能自我克制的男士。每星期4美元，合适者可以拿6美元。""自我克制"这个术语在村里引起了议论，有点不平常。它引起了小伙子们的思考，也引起了父母们的思考。这自然引来了众多求职者。

每个求职者都要经过一个特别的考试。

"能阅读吗？小伙子。"

"能，先生。"

"你能读一读这一段吗？"他把一张报纸放在小伙子的面前。

"可以，先生。"

"你能一刻不停顿地朗读吗？"

"可以，先生。"

"很好，跟我来。"商人把他带到他的私人办公室，然后把门关上。他把这张报纸送到小伙子手上，上面印着他答应不停顿地读完的那一段文字。阅读刚一开始，商人就放出6只可爱的小狗，小狗跑到男孩的脚边。这太过分了。小伙子经受不住诱惑要看看美丽的小狗。由于视线离开了阅读材料，小伙子忘记了自己的角色，读错了。当然他也因此失去了这次工作机会。

就这样，商人打发了70个小伙子。终于，有个小伙子不受诱惑一口气读完了。

商人很高兴。他们之间有这样一段对话：

商人问："你在读书的时候没有注意到你脚边的小狗吗？"

小伙子回答道："对，先生。"

"我想你应该知道它们的存在，对吗？"

"对，先生。"

"那么，为什么你不看一看它们？"

"因为你告诉过我要不停顿地读完这一段。"

"你总是遵守你的诺言吗？"

"的确是，我总是努力地去做，先生。"

商人在办公室里走着，突然高兴地说道："你就是我要的人。明早7点钟来，你每周的工资是6美元。我相信你大有发展前途。"小伙子的最终发展的确如商人所说。

克制自己是成功的基本要素之一。太多的人会因某种喜好，不能把自己的精力完全投入到工作中，完成自己伟大的使命。这可以解释成功者和失败者之间的区别。

自我克制是品格的力量。能够驾驭自己的人，比征服了一座城池的人还要伟大。意志造就强者，造就机遇，造就成功。

无论何时都不要放弃，此路不通换彼路

当你在因为一时失去工作而陷入绝境时，不要放弃，请记着：此路不通彼路通，总有一颗星星会为你点灯。

伟大的人物并不是每个方面都很优秀，只是将他们最好的一方面发挥出来了。所谓人才，其实就是做了他们能做好的事，将他们才能上的优势方面表现出来了。所谓庸才，不过是做了他们做不好也不该做的事情，从而将他们才能上的平庸方面表现出来。所以，不存在绝对无用的人。

丘吉尔，出生在一个贵族家庭，少年时在校成绩很差。他是个使人感到棘手的少年，并且数学和外语成绩都很差劲。他父亲想让他进入牛津大学或剑桥大学。可是他的成绩无法进入大学，因此不得不去报考英国的第三流学校——英国陆军军官学校。可是他竟然也名落孙山。他在家过了两年的补习生活，请过家庭教师，还是考不上大学。到了第三年他才好不容易考上，而且是最后一名。

很多人认为像丘吉尔一样的不良少年，外文与数学成绩又不好，是不可能成功的。丘吉尔年轻时代虽然如此差劲，可后来，他竟然能成为20世纪著名政治家之一。

丘吉尔数学虽然不好，可是他在文学方面，却创下了伟大成绩，并且获得了诺贝尔奖，而且对绘画也有天分。虽然他曾经是一个落魄的少年，但也是个多才多艺的人，并且能活用自己的才能成为大政治家。

下面我们谈谈关于美国"福勒制刷公司"创办人的故事。

"福勒制刷公司"创办人阿尔弗拉德·福勒出身于贫苦的农民家庭，住在加拿大东南的新斯科夏半岛。福勒似乎不能保住他的工作。事实上，在头两年中，他虽努力维持生计，却失去了三份工作。

但是，接下来在福勒的生活中发生了根本性的变化。因为他试图销售刷子。就在那时，福勒受到了激励。从而开始认识到他的最初的三份工作对他都是不适合的。因为他不喜欢那些工作。

那些工作并非自然而然地来到他的身边，自然而然地来到他身边的工作是销售。他立刻明白了：他会把销售工作做得很出色，他喜爱这种工作。所以福勒把他的思想集中于从事销售工作。

他成了一个成功的销售员。他在攀登成功的阶梯时又立下一个目标，那就是创办自己的公司。如果他能经营买卖，这个目标就会十分适合他的个性。

阿尔弗拉德·福勒停止了为别人销售刷子。这时他比过去任何时候都更为高兴。他在晚上制造自己的刷子，第二天就出售。销售额开始上升时，他就在一所旧棚屋里租下一块空间，雇用一名助手，为他制造刷子，他本人则集中精力做销售。那个最初失去了三份工作的孩子取得了什么样的结果呢？

福勒制刷公司拥有几千名销售员和数百万美元的年收入。

一份适合你的工作才会让你充分发挥自己的才能，让你创造更大的辉煌，书写更大的成功。

工作没有高低贵贱之分，关键是做适合自己的，哪怕是一份很不起眼的工作，只要能让你发挥天分，你就能成功。福勒不就是从推销刷子开始，最终缔造了一个刷子王国吗？

如果你失去了一份没干好的工作，这不是败局的来临，而是希望的开始，你有希望开始一份适合自己的工作。

寻找到适合自己的工作并不是一件很容易的事，有时需要经过好长一番摸爬滚打。正如作家贾平凹曾深有感触地说："要发现自己并不容易，我是花了整整 3 年时间啊！"所以成功需要耐心和不间断的探索。

达尔文曾对诗歌产生过兴趣，他年轻时每天上午都要背诵几十行诗。不过，他很快发现自己"诗才"平庸，就转向生物学了。

马克思也曾想当诗人，当他发觉自己写诗不怎么样的时候，就转向社会科学研究方面了。

如果你有自知之明，善于设计自己，从事你最擅长的工作，你就会获得成功。发觉自己的优势，让自己更好地为自己服务。

少思、专注者能让人更强大

　　很多时候，失败，并不是因为你不会做、做不好，而是因为你没有在限定的时间里做好。其原因很大程度上是不够专注。很多时候，看起来好像你的时间是无限的，所以你总是把要做的事情推到明天、后天，然后去做那些并不重要、却可能有用的事情，从而分散了你的注意力，你还美其名曰扩大眼界、学习潮流……而结果，大多是你并不能像想象中的那样同时做好。如果你一样一样地专心去做，在同样的时间内，可能都已经完成了好几件事了。

独处静思，才能做出更加正确的选择

　　在现代社会中，纷繁复杂的事情越来越多，人们总会不自觉地迷失其中。此时最好的对策就是静下心来一个人待一会，来个冷处理，冷静地权衡利弊。只有独处的时候，大脑才是最清醒的，才能最做出更加正确的选择。

日本的美能达照相机公司专门为员工们设有一间"静坐沉思室"，里面就摆放着一张桌子一把椅子。此室不受外界电话、信件、人和事等诸多因素的干扰，既可以让员工思考过错，也可以让员工充分发挥想象力，产生灵感，以助于公司的管理与生产。即使有员工在里面睡上一小觉，公司也不会阻碍。因为在他们看来，这样可以让员工恢复体力和精力，以利于更好地工作，同样对公司有利。

"降魔者先降其心，心伏则群魔退听；驭横者先驭其气，气平则外横不侵。"一切烦恼与不快皆来自于心，只有心静才能降伏一切魔道。宁静可以致远，独处时的宁静，能让人放松身心，提高分析问题的能力。

庄子曾经说过："其嗜欲深者，其天机浅。"大意是说如果一味沉溺于感官享受，人的智慧则会很浅薄。的确，自古智者都是能够适应独处之人。只有独处才能让人大彻大悟，才能具有大智大慧，更好地领悟人生的真谛。独处时可以让人充分感受宁静祥和，忘却争斗与烦恼，如同走出喧闹的都市进入万籁俱寂的旷野一般，让人心旷神怡。此时独坐一室，于清茶中品味人生，则生命的目的因此明晰；在书中品味生活，则生活更加多彩多姿。

清代著名的政治家、文学家曾国藩曾向一个修为极高的出家人请教养生之道。出家人磨墨运笔，龙飞凤舞地写了一张处方递给他。

曾国藩接过处方又问道："现在正是七月流火之时，天气炎热，弟子往日总感到五内沸腾，如坐蒸笼。为何今日在大师这里似有凉风吹面一样，一点也不觉得热呢？"

出家人朗声说道："乃静耳。老子云：'清静物之正。'水静则明烛须眉，平中准，大匠取法焉。水落石出静犹明，而况精神？圣人之心静乎，天地之鉴也，万物之镜也。夫虚静恬淡、寂寞无为者，天地之平而道德之至也。世间凡夫俗子，为名、为利，为妻室，为子孙，心如何能静？外感热浪，内遭心烦，故燥热难耐。大人或许还要忧国忧民，畏谗惧讥，或许心有不解之结，肩有未卸之任，也不静下来，故有如坐蒸笼之感。切脉时，我以己心静感染了你，所以你就不再觉得热了。"

俗话说："心静自然凉。"如能心如止水，心中无任何烦恼，无任何牵挂，自然会"凉风拂面"，如果有太多的惦念，心不得闲，肯定会"如坐蒸笼"。

在这样一个充满焦虑的时代里，灵魂和内心更需要独处时的宁静。这片宁静可能在高山上，也可能在大海边，更可能藏在一所乡村小屋中。只要敢于独处，用心去体味，就能体会到它的妙用。

独处之时，你可以把脑海中的各种想法全释放出来，冥想白天令人愤怒时的情景，在冥想的宁静之中经过加工的愤怒与烦恼，再次返回大脑的记忆时，已不带有任何感情色彩，不会对我们形成伤害，也不会带来压力。

如此，当你面对世间纷扰时，便能在宁静中超越自我。

凡事尽最大努力去做

让自己发挥能力和让自己的潜能充分燃烧，它们所散发出来的能量是大不一样的。我们无论做任何事情，只是尽心尽力还远远不够，这样你最多比别人干得好一点，却无法从平庸的层次跳出来。只有竭尽全力，发挥出别人双倍的能量，你才会有优秀的表现。

我们经常听到这样的话："我觉得自己已经尽了最大的努力，可惜结果却很令人失望。"说这话的人，是否真的尽了最大的努力呢？未必！他们把做得有点累视为尽了全力，其实还远远未能充分发挥潜力；或者一曝十寒，并未时时努力。正如我国台湾著名企业家王永庆所说："天下的事情没有轻轻松松、舒舒服服让你获得的。凡事一定要经过苦心的追求，才能真正了解其中的奥秘而有所收获。有压力感，觉得还不够好，做出苦味来才会不断进步，一放松就不行了。"

事实正是如此，只是感到有一定压力，并不等于竭尽全力。竭尽全力就是要求我们凡事要尽最大的努力去做。无论我们做什么，学什么，只要我们让自己的潜能燃烧起来，疯狂地去做、去学，这个世界上没有什么是我们学不会、做不成的。

从某种程度来说，付出和收获是成正比的。你付出多少，便会得到多少回报。你尽自己最大的努力去做，收获的也是最多最大的回报。

年轻的吉米·卡特从海军学院毕业后，遇到了当海军上将里·科费将军。将军让他随便说几件自认为比较得意的事情。于是，踌躇满志的吉米·卡特得意洋洋地谈起了自己在海军学院毕业时的成绩："在全校820名毕业生中，我名列第58名。"他满以为将军听了会夸奖他，孰料，里·科费将军不但没有夸奖他，反而问道："你为什么不是第一名？你尽自己最大努力了吗？"这句话使吉米·卡特惊愕不已，很长时间答不上话来。

但他却牢牢地记住了将军这句话，并将它作为座右铭，时时激励和告诫自己要不断进取，永不自满和松懈，尽最大努力去做好每一件事情。最后，他以自己坚忍不拔的毅力和永远进取的精神登上了人生的巅峰，他成了美国第39任总统。

面对竞争，只要自己是认为有希望的，就全力去做。每天结束时，都要问问自己：是否已经竭尽所能了？要永远尽力而为，诚实努力。如果你切实做到，到了最后，你一定会得到丰硕的果实。

有一位少女，她进入社会的第一份工作就是帮人洗马桶。刚刚开始，她非常不习惯，每当将抹布伸进马桶里时，她就会恶心得想吐，她觉得她不能再做这份工作了，她受不了。有一天，她在洗马桶的时候又想呕吐，于是就将抹布抛到一边，伤心地想，为什么自己一定要做这种工作？

这时，有位前辈走了过来，拿起抹布，一遍又一遍地擦着马桶，直到把马桶擦得光亮照人。然后，他拿了一只杯子，舀了一杯马桶里的水，仰头一饮而尽，就像喝可口可乐一样。这位前辈没有说一句话，却让那位少女受到了极大的震撼，她没想到一件小事也可以做得如此完美。

从此以后，她时时用前辈的行为来鼓励自己，做好每件看似微不足道的事情。这位少女最后成为日本的邮政大臣，也就是邮政部门的最高长官。她的名字叫野田圣子。

我们在做任何事情的时候，不论是大是小，都应该尽心尽力，满腔热情，锲而不舍。只有这样，才能成就无憾无悔的人生！

从大局出发，放弃不必要的

要做大事，须统观全局，不可纠缠在小事之中，摆脱不出。许多很有潜力的人正是被一些次要、渺小的东西阻挡了前进的道路，有些人甚至因为斤斤计较而毁了自己的一生。

处理事情的时候，一味地强调细枝末节，以偏概全，做工作时就会抓不住要害问题，没有重点，头绪杂乱，不知道从哪里下手。为什么总把眼光盯在细枝末节上边呢？不去纠缠小节、小问题，选择最重要的事情去做，才是做事的方法。

《淮南子》中的"九方皋相马"的故事就是一个很好的例子。

秦穆公对伯乐说："您的年纪大了，您的家里有能去寻找千里马的人吗？"伯乐回答说："好马可以从外貌、筋骨上看出来。但千里马很难捉摸，其特点若隐若现，若有若无，我的儿子们都是才能低下的人，我可以告诉他们什么是好马，但没有办法告诉他们什么是天下的千里马。我有一个朋友，名字叫九方皋。他相马的本领不比我差，请您召见他吧！"

于是，秦穆公召见了九方皋，派遣他去寻找千里马。3个月之后，九方皋回来了，向秦穆公报告说："千里马已经找到了，在沙丘那个地方。"秦穆公问他："是一匹什么样的马呢？"九方皋回答说："是一匹黄色的母马。"秦穆公派人去看，结果是一匹公马，而且是黑色的。秦穆公非常不高兴，于是将伯乐召来，对他说："真是糟糕，您推荐的那个寻找千里马的人，连马的颜色和雌雄都分辨不出来，又怎么能知道是不是千里马呢？"伯乐长叹一声说道："他相马的本领竟然高到了这种程度！这正是他超过我的原因啊！他抓住了千里马的主要特征，而忽略了它的表面现象；注意到了它的本领，而忘记了它的外表。他看到他应该看到的，而没有看到不必要看到的；他观察到了他所要观察的，而放弃了他所不必观察的。像九方皋这样相马的人，才真达到了最高的境界！"那匹马，果然是天下难得的千里马。

很多男人常常会埋怨陪伴女人买东西，既费时间又很劳累。她们不是对布料不满意就是对式样百般挑剔，或者觉得虽然式样勉强过得去，可惜质地实在不行，因为各种因素而犹豫不决，结果常常空手而归。其实，这些毛病并非只有女人才有，一般人在工作或读书的时候，也会因拘于小节而失去大局。

一个人对于某事犹豫不决时，就会发生如上的迷惑或彷徨。这时候，如能针对自己的目的，抓住核心问题来研究，就可以发现一条排除迷惑的大道。比如，你要选购西装，不妨先明确地限定是何种花纹、式样、布料，如果决定以花纹为主，那么式样和质料就可以作为次要考虑的条件。如果抓住重点考虑问题，自然能果断地选购，而且以后也不会遭到别人的埋怨，自己也不会后悔。

我们看问题应该把着眼点放在较大的目标上。如果用部队里的术语来说，我们宁愿失去一场战斗而赢得一场战争，也不愿因赢得一场战斗而失去整个战争。

无论是用人还是做事，都应从大局出发，不要因为一点小事而妨碍了事业的发展。我们要用的是一个人的才能，不是他的过失。

每件小事都值得认真做

哪怕是一件小事，我们也应该用心去做。

行为本身并不能说明自身的性质，它的性质取决于我们行动时的精神状态。工作是否单调乏味，往往取决于我们工作时的心境。

每一件事情对人生都具有十分深刻的意义。泥瓦匠们在砖块和砂浆之中看出诗意；图书管理员们经过辛勤劳动，在整理书籍时感到自己已经取得了一些进步；学校的老师们对按部就班的教学工作从未感到丝毫的厌倦，他们一见到自己的学生就变得非常有耐心，所有的烦恼都抛到了九霄云外。

如果只用别人的眼光来看待我们的工作，仅用世俗的标准来衡量我们的工作，工作或许就没有任何吸引力和价值可言。

从外面观察一个大教堂的窗户。那里面布满了灰尘，光华已逝，只剩下单调和破败的感觉。一旦我们跨过门槛，走进教堂，立刻可以看见绚烂的色彩、清晰的线条。阳光透过窗户在奔腾跳跃，形成了一幅幅精彩的图画。

人们通常对事物的认识是有局限的，我们必须从内部去观察才能看到事物的真正本质。有些工作只从表象上看是无法认识到其意义所在的。每个人只有从工作本身去理解工作，将它看作是人生的权利和荣耀，才能保持自己个性的独立。

不要小看自己所做的每一件事，即便是最小的一件事，也应该全力以赴、尽职尽责地去完成。小事情的顺利完成有利于大事情的顺利达成。只有一步一个脚印地向上攀登，才不会轻易跌落。工作真正的能量就蕴藏在其中。

我们经常会发现一些一夜成名的人，其实在成名之前，这些人早已默默无闻地拼搏了很久。

成长是一种累积。不论哪种行业，想攀上顶峰，通常都需要漫长时间的努力和精心的规划。如果想登上成功的巅峰，你就得永远保持自发的精神，在快速成长中耐心等待更高的人生回报。当你养成这种习惯时，你就有可能成为出色的人。

成就大业的人和凡事得过且过的人最根本的区别在于。成功者懂得为自己的行为负责；得过且过者只知道讨好别人和机械地完成目标，他们对自己的所作所为不愿承担任何责任。

大部分工作其实很简单，不过在那些优秀的人看来，这些工作却能潜移默化地给予他们宝贵的经验。无论在什么样的工作环境中，也不管从事哪种档次的工作，他们都可以学会不少东西。

如果你在每一项工作中都深信这一点，那么你的生活自然会好起来。

从今天开始，从现在的工作开始，而不必等到遥远的、未来的某一天，找到理想的工作再去行动。自动自发的人通常能随时准备把握机会，展现超乎他人要求的工作表现。他们拥有足够的以目标为导向、不惜打破常规的智慧和判断力。他们工作的最终目标不仅仅是公司和主管的目标要求，而是他们心中的最好。

优秀的管理者不仅是公司战略目标的执行者。还是努力培养员工主动性、自尊心的教练。员工主动性的高低往往会影响他们工作时的表现。那些工作主动性较差的员工，避免犯错，墨守成规，凡事只求忠诚公司规则，主管没让做的事他绝不会插手；而那些工作主动性较高的员工则勇于负责，有独立思考的能力，必要时会发挥创意，很出色地完成任务。

什么是自动自发？自动自发就是没有人要求和强迫你，而你却自觉而出色地做好自己的事。

自动自发的人对待工作是勤奋的，对待老板是忠诚的，对待公司是敬业的，对待自己是负责的。

只有在别人注意或老板在身边的时候才努力工作的人是永远无法到

达成功的巅峰的，因为最严格的表现标准应该是自己设定的，而不是由别人要求和提出的。如果你对自己的期望比主管对你的期望更高，那么你就无需担心会失去这份工作。同样，如果你能达到自己设定的最高标准，那么你的快速成长必将指日可待。

用好二八定律，把精力放在最见成效的地方

二八定律也叫巴莱多定律，是19世纪末20世纪初意大利经济学家巴莱多提出的。他认为，在任何一组东西中，最重要的只占其中一小部分，约20%，其余80%的尽管是多数，却是次要的，因此又称二八法则。

二八法则所提倡的是"有所为，有所不为"的经营方略。它将20：80作为确定比值，本身就说明企业管理不应面面俱到，而应侧重抓关键的人、关键的环节、关键的岗位、关键的项目。因此，企业家要想有建树，就必须将企业管理的注意力集中到20%的重点经营要务上来，采取倾斜性措施，确保它们得到重点突破，进而以重点带全面取得企业经营的整体进步。

要弄清楚哪些经营要务属于20%应该列为重点的工作。就一般性企业来说，不外乎六个方面：重点人才、重点产品、重点市场、重点用户、重点信息、重点项目。将这六个方面的重点按占经营工作20%的比例选定下来，实施二八法则，就有了一个重要的基础。

二八法则揭示了一个道理：一小部分原因、投入和努力，通常可以

产生大部分结果、产出或收益。

对于个人，在做事的时候我们同样可以实施这个法则，抓住重点。一个时期只有一个重点，一次只做一件事情。聪明人要学会抓住重点，首先解决主要问题，然后解决次要问题。

用好二八法则，即把精力用在最见成效的地方。

美国企业家威廉·穆尔在为格利登公司销售油漆时，头一个月仅挣了160美元。他仔细分析了自己的销售图表，发现他的80%的收益来自20%的客户，但是他却对所有的客户花费了同样的时间。于是，他要求把他最不活跃的36个客户重新分派给其他销售员，而自己则把精力集中到最有希望的客户上。不久，他一个月就赚到了1000美元。穆尔从未放弃这一原则，这使他最终成为了凯利—穆尔油漆公司的主席。

有时候，在解决问题的过程中，机遇的出现使你轻松获胜，或者在整个问题得到解决之前取得显著成效。抓住这些机遇！机遇并不会为你和团队创造全部胜利，但鼓舞了士气，增加了信任，让那些关注你的人知道你很能干而且很认真。

善于抓住主要矛盾，其他问题便可以迎刃而解。其实这反映的是人在复杂的问题之间，如何保持清醒的头脑，把握事物的发展方向，有着清晰的解决问题的思路并理清自己的工作思路，终归是方法问题。

善于抓住主要矛盾，是一个很关键的工作思路，不仅要着眼于现在，更要把握未来，由此及彼，由表及里，透过现象抓住本质。当我们面临很多工作的时候，心里可能是一团乱麻，如何厘清思路，迅速拿出方案，不仅需要机灵的思维，更要有把握大局的能力。

一个人对于某事犹豫不决时，就会发生如上的迷惑或彷徨。这时候，如能针对自己的目的，抓住核心问题来研究，就可以抓住事情的本质而不致出错。

　　现代社会，对人的能力要求是越来越高，而且要求的不仅是某一方面的能力，需要的是一种综合能力。因此，学好运用二八定律，将对我们做事有很大裨益。

克服负面情绪、缓解心灵压力

　　成功的人士大多是善于控制自己情绪的人。他们肯定也有愤怒、沮散、低落、紧张……的时候，难能可贵的是他们知道如何去克制。经常愤怒、沮丧、低落等这些负面影响，对成功没有一点好处，也鲜有成功人士，或者能够一直立于不败之地的人。当然，克服自己的负面情绪并不是憋着忍着，那只是表面现象，真正克服掉负面情绪，是要用一颗包容的心来化解一切。

主动付出，战胜嫉妒

　　嫉妒是一种让人又爱又恨的感受，爱它是因为它能带给你优越感，恨它是因为自己的存在对别人造成了危机感、不安和痛苦。这也让你很痛苦，而且弄不好它会形成你前进道路上的阻力，成为你人际关系中的定时炸弹。于是，聪明的人便以主动付出、宽厚待人、低调处理的方式将它化整为零。

某公司来了一位新员工，年龄比较小，可他一进来就是公司的副总，这让在公司呆了好几年的甲非常不舒服。甲认为自己目前仅仅是个部门主任，凭自己的能力和资历完全可以当副总，可这等好事偏偏落在了一个新进员工身上。加上其他同事的煽风点火，甲就更加郁闷，对对方不服气，还常常说一些阳奉阴违的话。但是对方似乎并不在乎甲的态度，而总是主动找甲说话，他听闻甲感冒了，还从家里煲汤带到公司，平时有什么零食也总是往甲桌上堆，中午吃饭也总是主动叫甲跟其一起去用餐。经不起对方的糖衣炮弹攻击，甲对其态度慢慢软化了很多。时间久了，他发现这个新进员工不但会跟人打交道，处理事情的能力也是一流。慢慢地甲由嫉妒转变成羡慕，不断向对方学习，时间久了，两人便成了朋友。

俗话说，"恨是离心药，爱是胶合剂"。无论对方出于什么原因嫉妒你，主动找对方谈谈心，让对方发泄一番是解决矛盾的根本。既然是对方因为你得到了某个好处，或者你身上有他无法比拟的优势，所以嫉妒你，那么你主动找对方，让其发泄一下又何妨？而且对方的发泄恰恰再一次证明了你的优势。如果你能用宽容之心包容他，给他鼓励，甚至给他机会让他跟你公平竞争，最终你赢了，对方心服口服自然无话可说。如果你失败了，就让对方高兴一下，而你也可以据此寻找自己的不足，力求完善。

示弱是以退为进消除身边嫉妒的良好方法。你适当地夸夸别人的优势，也昭显着你的胸怀和气度。事实上，当你意识到自己的缺点和不足，同时又能看见对方的优点和长处时，那就意味着你可以吸取别人的长处，补足自己的不足。也许你在某些方面超越了对方，但在另一方面可能就不如对方。不过对方所看到的只是你比他强，并未意识到自己的优势。这个时候不妨给对方提示，告诉对方他身上的优点。如果可以，你也可以在适当的场合、适当的人面前显示一下自己的弱势。同时，你也可以找对方帮忙，告诉他这件事情除了他没有人能解决。当他发觉比自己强的人也要求助于自己时，就会产生一种优越感。

当对方嫉妒你时，不妨主动找对方说话，并给予帮助和关照。当对方告诉你，自己也很努力，也很有能力，但是升职、高薪、执行好项目的事情就是落不到自己身上时，不妨给对方一个这等好事落到你身上的正当理由。比如你付出的努力、辛苦、汗水，以及你做事前所做的各种规划，等等，让对方心服口服，觉得他所有的努力跟你的比，简直是小巫见大巫，从而让他自己思索醒悟。另外，化解嫉妒的最佳方式就是将你经手的每一件事情都做得漂漂亮亮，你的实力是给对方最好的解释。如果可以，你们也可以共同从事一件事情，在做这件事情的过程中，让对方看到你处理事情的方式，以及解决问题的能力，让对方对你刮目相看。当他发觉你真的很厉害后，这种嫉妒往往会化成羡慕和尊重。

嫉妒的人是可恨的。他们不能容忍别人的快乐与优秀，会用各种手段去破坏别人的幸福，有的挖空心思采用流言蜚语进行中伤，有的采取卑劣手段想毁掉别人的幸福为目的；嫉妒的人又是可怜的，他们自卑、阴暗，享受不到真正的幸福，体会不了人生的乐趣，总是生活在恨和不快的黑暗面；嫉妒的人又是可悲的，心情长久处于阴暗，它是摧毁人性和健康的毒药。

所以，与其嫉妒别人，不如放宽胸襟，学会主动付出。气量大，自然不会去计较别人的一言一语，依旧能做到坦诚对人。因为足够自信，嫉妒者也就放弃了继续跟你斗。你应该懂得自己所取得的成绩与别人的帮助是分不开的。在取得成功和荣誉时，不要冷落了大家，更不要居功自傲，因为这样很容易招来他人的嫉妒。相反，真诚地感激大家，给予他们物质上的感谢，虚怀若谷，就会得到众人的拥护、支持，不致招来嫉妒。

坚守一颗宁静的心

作为家庭主人的你，每天都在尽最大努力去避免家庭所面临的各种污染，如空气污染、噪声污染、光源污染等。这时不知你是否忽视了另一种新的污染，你的坏情绪，就是一种情绪污染。

情绪是客观事物作用于人的感官而引起的一种心理体验。无论喜、怒、思、悲、惊，都有其原因和对象。幽静的环境、清新的空气、高尚的品德、物质的丰富、文化的繁荣，都能引起人们愉快、轻松的良好情绪；而环境脏乱、虚伪庸俗、文化枯萎等，则可能导致人们厌烦、压抑、忧伤、愤怒的消极情绪。情绪具有两重性：一是两极性，如快乐和悲哀、热爱和憎恨、轻松和紧张、激动和平静等；二是暗示感染性的大小，往往由人们地位和作用的不同而不同。

现代心理学告诉人们，人的情绪有两个关键时间，一是早晨就餐前，二是晚上就寝前。在这两个关键时间里，每一个家庭成员都要尽量保持良好的心境，稳定自身情绪，尽量不要破坏家庭的祥和气氛，避免引起情绪污染。假如在一天的开始，家庭某一个成员情绪很好或者情绪很坏，其他成员就会受到感染，产生相应的情绪反应，于是就形成了愉快、轻松或者沉闷、压抑的家庭氛围。

任何人都会有情绪低落的时候，每当这时，一是要有点忍耐和克制精神，二是要学会情绪转移。把不良情绪带回家，将心中怨气发泄在家人身上，为一些小事耿耿于怀……诸如此类，都会影响他人情绪，造成家庭情绪污染。

其实，我们的心灵也同样需要一片宁静的天空，那么就让我们的情绪在宁静的天空下，得到平复与安宁。

人人向往宁静，然而，生活的海洋里因为有名誉、金钱、房子等在兴风作浪而难以宁静。许多人整日被自己的欲望所驱使，好像胸中燃烧着熊熊烈火一样。一旦受到挫折，得不到满足，便好似掉入寒冷的冰窖中一般。生命如此大喜大悲，哪里有平静可言？人们因为毫无节制的狂热而骚动不安，因为不加控制欲望而浮沉波动。只有明智之人，才能够控制和引导自己的思想与行为，才能够控制心灵所经历的风风雨雨。

是的，环境影响心态。快节奏的生活、无节制的对环境的污染和破坏，以及令人难以承受的噪声等都让人难以平静。环境的搅拌机随时都在把人们心中的平静撕个粉碎，让人遭受浮躁、烦恼之苦。然而，生命本身是宁静的，只有内心不为外物所惑，不为环境所扰，才能达到像陶渊明那样身在闹市而无车马之喧，"心远地自偏"的境界。

宁静是一种心态，是生命盛开的鲜花，是灵魂成熟的果实。宁静在心，在于修身养性。只要有一颗宁静之心，追求宁静者，便能心胸开阔，不为诱惑所动，坦荡自然。

宁静和智慧一样宝贵，其价值胜于黄金。真正的宁静是心理的平衡，是心灵的安静，是稳定的情绪。

心灵的宁静来自于长期、耐心的自我控制，意味着一种成熟的经历以及对于事物规律的不同寻常的了解。对未来进行抗争的人，才有面对宁静的勇气；在昔日拥有辉煌的人，才有不甘宁静的感受；为了收获而不惜辛勤耕耘流血流汗的人，才有资格和能力享受宁静。

善于寻找方法会有更多机会

善于寻找方法去解决工作和生活中的问题和困难，是我们决胜的根本，更是一个企业保持旺盛竞争力的保障。无论在什么时候，善于找方法的人比遇到问题就逃避的人有着更多的机会，也更容易受到人们的欢迎。

每个人都会在工作和生活中遇到难题，没有任何问题的理想状态是根本不存在的。所以，面对问题和困难，我们完全不必担忧和逃避，只要找出解决问题的方法，一切困难将迎刃而解。

问题容易发现，解决办法却难找，成了人们不喜欢解决问题、一见到困难就想躲的理由和借口。每个人对待问题的态度是不同的。善于发现问题的人，也常常喜欢想各种应对的方案和办法。而不善于发现问题的人，更不会主动去想问题该怎么解决，当别人发现了问题，想与之共同解决时，得到的回应却是借口。

无论解决什么问题，方法用得对不对是做事的关键所在。每一个问题都有它的特点和难点，所以我们还要具体问题具体分析，积极地寻找解决方案。不可随意地乱用方法，强加套用或照搬模仿都是不可取的。

碰到容易更改方法和可以反复实验的事情，或许多尝试几种办法也未尝不可，然而一旦关系到整体全局的利益或重大决策的实施时，就不能轻易地替换方案，而应在采用之前慎重商讨和修改。

改进方法离不开向高效率人士的学习，既要有敢于与众不同的勇气，还要有能够独立思考和判断的思维。突破旧有的思维模式，也就找到了解决困难的方法。

一个国王约见平时以笨出名的平民阿笨，要他完成一项任务：在一个同时只能烙两张饼的锅中，三分钟内烙好三张饼，并且每张饼必须烙两面，每面烙一分钟。

阿笨并不笨，而且还开过烙饼连锁店，被业内人士称为"高效率人士"。

按照国王的要求，这最少需要四分钟的时间，可是阿笨却用了一个笨方法实现了要求。第一分钟，他先烙两张饼。第二分钟，把一张翻烙，另一张取出，换烙第三张。第三分钟，把烙好的一张取出，另一张翻烙，并把第一次取出的那张放回锅里翻烙。结果，他用了三分钟时间烙好了三张饼。

通过集思广益，为解决问题提供了许多有参考意义和价值的方案方法。集思广益不仅有利于会议决策者在短时间做出决定，也激发了与会者的思维潜能和工作热情。

有一位企业家新注资到一家服装厂，但他本人对服装领域一窍不通，一切的运转程序都由企业家的搭档来负责。但是没过多久，他的搭档因为劳累过度住进了医院，这意味着所有的重担都由这个对服装领域并不熟悉的企业家一人担当。

　　企业家起初对接手这项工作一筹莫展，那些服装领域的书籍对他而言更派不上用场。但是，企业家想出了一个办法，虽然自己是外行，但这里的员工都不是外行。于是，企业家深入员工当中，以领导和专家的身份出现在他们的面前。

　　来到服装公司后，企业家找到各个部门的主管，对他们说："很抱歉，我们无法与你继续合作下去了。公司不会雇佣一个没能力的员工。若是你能正确指出公司以前所犯的错误，并指出合理的更正办法，说明你知道如何做好你的工作，我就愿意与你继续合作。"

　　这种方法果然奏效。经过与各部门主管的谈话，企业家的桌前很快就放满了堆积如山的意见和建议。企业家对这些意见和建议并未认真地阅读和分析，而是只负责执行。结果令人惊讶的是，服装公司运转良好，盈利也越来越多。

　　无论做什么事情，最好的方法永远是具体问题具体分析。

　　在美洲刚刚开始得到开发的时期，一群社会学家在路易斯安娜州买下了几百亩土地，开始为实现一个理想而工作。他们拟定了一套制度，让每个人都去从事他最喜爱的工作，或者从事拥有最佳装备的工作。他们拥有自己的牧场和制砖工厂，还有一个印刷厂出版自己的报纸。

　　一位来自明尼苏达州的瑞典移民也加入了这个组织。根据他自己提出的请求，他马上就被分配到印刷厂工作。但没过多久，他却开始抱怨，说自己并不喜欢这项工作。于是，他被调到农场工作，负责驾驶一台拖拉机。但是，他对这项工作只忍耐了两天，就觉得再也受不了了。于是，他又申请调职，而后被分派到牛奶厂工作。结果，他和那些温顺的奶牛也相处不好。就这样，他一一尝试过每一种工作，但没有一样是他所喜欢的。

正当他要退出这个组织的时候，有人突然想到，有一个工作是他尚未尝试过的——就是在制砖工厂中工作。于是，他领到一辆独轮手推车，负责把制好的砖头从砖窑里运送到砖场上码成堆。一个星期过去了，没有人听到他的抱怨声。有人问他是否喜欢这项工作，没想到他十分开心地说："这正是我所喜欢的工作。"

从此，这个瑞典人就一直独自承担这项任务。虽然这个工作在别人眼里枯燥无比，但他的工作效率却奇高。

并不是同样的方法在所有的人那里都能产生相同的效率和结果，适合于一个人的方法在另外的人看来也许是最笨的，但是喜欢用这种方法做事的人却运用自如，将问题解决得很棒。因此，遇到问题要具体分析，要选对方法才能做对事。

总之，遇到问题，方法总会比问题多，所谓"魔高一尺，道高一丈"，只要用对方法，坚持下去，就没有解决不了的难题。

不带着情绪做事，学做情绪的主人

许多人都懂得要做情绪的主人这个道理，但遇到具体问题就总是知难而退："控制情绪实在是太难了。"言下之意就是："我是无法控制情绪的。"

别小看这些自我否定的话，这是一种严重的不良暗示。它真的可以毁灭你的意志，丧失战胜自我的决心。还有的人习惯于抱怨生活："没有人比我更倒霉了，生活对我太不公平。"抱怨声中他得到了片刻的安慰和解脱："这个问题怪生活而不怪我。"结果却因小失大，让自己无形中忽略了主宰生活的职责。所以，你要改变一下对身处逆境的态度，用开放性的语气对自己坚定地说："我一定能走出情绪的低谷，现在就让我来试一试！"这样你的自主性就会被启动，沿着它走下去就是一番崭新的天地，你会成为自己情绪的主人。

遇事需冷静，考虑一下后果，本着息事宁人的态度去化解矛盾，我们就不至于为一些鸡毛蒜皮的小事而纠缠不清，更不会使矛盾扩大、升级。即使在双方僵持不下，未能达成和解的情况下，也可以寻求司法、主管部门的帮助，运用法规、政策妥善处理遗留问题。没有爬不过去的山，没有过不去的河，忍一时的委屈，保全了大家的和谐、宁静，并不损失什么，反而会赢得一个更宽阔的心灵空间。

常常会遇到下面的情况：堵车堵得厉害，交通指挥灯仍然亮着红灯，而时间很紧，你烦躁地看着手表的秒针。终于亮起了绿灯，可是您前面的车子迟迟不起动，因为开车的人思想不集中。您愤怒地按响了喇叭。那个似乎在打瞌睡的人终于惊醒了，仓促地挂上了一挡。而你却在几秒钟里把自己置于紧张而不愉快的情绪之中。

美国研究应激反应的专家理查德·卡尔森说："我们的恼怒有80%是自己造成的。"这位加利福尼亚人在讨论会上教人们如何不生气。卡尔森把防止激动的方法归结为这样的话："请冷静下来！要承认生活是不公正的。任何人都不是完美的，任何事情都不会按计划进行。"

埃森医学心理学研究所所长曼弗雷德·舍德洛夫斯基研究得到了这样的结论：使人受到压力是长时间的应激反应。他的研究所的调查结果表明：61%的德国人感到在工作中不能胜任；有30%的人因为觉得不能处理好工作和家庭的关系而有压力；20%的人抱怨同上级关系紧张；16%的人说在路途中精神紧张。

理查德·卡尔森的一条黄金规则是："不要让小事情牵着鼻子走。"他说："要冷静，要理解别人。"

在日常生活中，我们难免遇到一些挫折、困难等不愉快的事，而一味地生气、焦虑、埋怨，不但不会使事情好转，反而会严重地伤害我们的身心健康。因此，不要让情绪影响我们做事的进程，及时疏导不良情绪，调整好积极情绪，才会更有利于事情的进展。

情绪给我们带来许多感受：它能使我们精神焕发，也能使我们萎靡不振；能让我们时而冷静，时而冲动，时而理智地去思考，时而失去控制，暴跳如雷。情绪存在于每个人心中，而且在不同时期、不同场合产生着奇妙的效果。比如，当我们获得荣誉和完成一件任务的时候，内心里充满了得意、骄傲和轻松愉快；受到挫折或经历打击、遭遇委屈时，则悲观、失望、沮丧。面临危险，我们会害怕和恐惧；面对不友好的挑衅和威胁，我们会愤怒。工作不顺心的时候我们会不满；当期望变成失望的时候会觉得有失落感；前途渺茫时会忧郁，而紧迫的工作和众多的压力会让我们焦虑不安……这些情绪的变化和活动是人人都具有的。这些情绪的变化决定了我们做事的成败、效率的高低和结果的好坏。所以说，做事之前先做情绪的调节师，这对于我们养成良好的做事态度和习惯十分关键。

研究表明，强烈的情绪反应会骤然阻断人们的正常思维，持久而炽热的情绪则能激发人们无限的潜能去完成某些工作。

每个人都应做自己情绪的主人，培养愉快的心情，调节好自己的情绪，提高适应环境的能力，保持乐观向上的精神状态。控制好自己的情绪十分重要，心情好了，你才会愉快地做任何事情，成功的几率才会更大。

情绪是可以调适的，只要操纵好情绪的转换器，随时提醒自己，鼓励自己，就能常常有好情绪。你可以试着用理智来驾驭情绪，使自己的情绪逐渐成熟起来。

第六章

不迷茫于过去，才能够成就将来的自己

再好的想法，也要行动才能变成梦想

再远的路也在脚下，再好的想法也要行动才能够达成。无论做什么事，只有你下定决心，立即行动才会有成功的可能。行动和努力，是成就你的唯一条件。

远离空想，脚踏实地

人的一生不管做什么事儿，都得实实在在。万丈高楼平地起，夯实地基为第一；参天大树搏风雨，扎实根基为第一；谷子低头笑茅草，丰盈子实为第一；有志之士建功业，充实自己为第一。

然而，在生活中常常有这种情况：有些人胸怀大志，但又有点好高骛远，总爱想入非非，不愿老老实实学习，踏踏实实行动。这样长此以往，便会成为一个空想家，最后啥事儿也干不了。你如果好高骛远，那就在成功的操作方法上犯了大错误。不经过程而直取终点，不从卑俗而直达高雅，舍弃细小而直达广大，跳过近前而直达远方，这样的结果，只能是黄粱梦一场。而脚踏实地的人，则会心想事成。

有个玉匠收了两个徒弟。在这两个徒弟跟着师傅学艺五年以后，师傅想考察一下他们，于是在一天晚上把他们叫到跟前交代说："在那崇山峻岭深处有一块美玉，它没有任何缺陷、毫无瑕疵，是一块无价之宝。你们都跟我学了五年了，应该出去成就一番事业。你们去找那块没有瑕疵的玉石，找不到就不要回来见我。"

这两个徒弟第二天就离开师傅，进了深山。

大徒弟是一个注重实际不好高骛远的人。在路途中，有时发现的是一块有所缺陷的玉石或石头，或者是一块成色很一般的玉，他都统统装进他的包里。三年之后，到了他和师弟约定的回家的日期。此时他的行囊已经装得满满的了，里面有各种各样的玉石和一些充其量只是"奇石"的东西。

小徒弟也来了，可是他两手空空什么也没有拿，他说他没有找到绝世珍品。

小徒弟还说，我不回去，师傅说过，找不到绝世珍品就不能回家，我要继续去更远更险的山中探寻，我一定要找到绝世美玉。

大徒弟带着他的那些东西回到了家，师傅满意地点了点头。大徒弟又把小徒弟的话传达了一遍。师傅听后，叹了一口气，说道："你师弟不会回来了，他是一个不合格的探险家。他如果幸运，能中途醒悟，明白至美是不存在的道理，是他的福气。如果他不能早悟，便只能以付出一生为代价了。"

后来大徒弟开了一家玉石馆和一家奇石馆。他把玉石加工，结果每一块玉石都成了无价之宝。他的奇石馆也很赚钱，那些奇石也成了一笔巨大的财富。短短的几年过后，大徒弟的玉石馆已经享誉八方。

又过了很多年，师傅生命垂危。大徒弟对师傅说要派人去寻找师弟。师傅说，不要去找，如果经过了这么长的时间和这么多的失败都不能醒悟，这样执迷不悟的人即使回来又能做成什么事呢？世界上没有纯美的玉，没有完善的人，没有绝对的事物，好高骛远，为追求不切实际的东西而耗费生命的人，何其愚蠢啊！

好高骛远、脱离实际的人，注定只能生活在虚幻之中，这种人没有坚实的基础，获得的只有空中楼阁。

开工吧，别等到明天

做任何事情，都不要拖延，拖延是阻碍自己成功的最大障碍之一。人都是有惰性的，总是希望今天能够少做些事，能拖到明天的就拖到明天，这是一种非常错误的想法，如果把今天的事情放到明天去做，明天的事情又放到什么时候去做呢？只有今天及时地把该做的事情做完，才能轻松地处理明天可能要做的事情，只有每天都有条理地完成每天的工作，才不会出现手忙脚乱的情景。

懒惰之人的一个重要特征就是拖沓。把今天该完成的事情拖延到明天甚至后天，这是一种很坏的习惯。对一位渴望成功的人来说，拖延最具破坏性，也是最危险的恶习，它使人丧失进取心。一旦开始遇事拖沓，就很容易再次拖延，直至变成一种根深蒂固的习惯。解决拖拉的唯一良方就是马上开工，不要等到明天。当你开始及时做事——任何事，你就会惊讶地发现，自己的处境正迅速的改变。

"拿下美国B客户非常难！"海尔洗衣机海外产品经理崔淑立接手美国市场时，大家都这么说，因为前任各产品经理在这位客户面前都业绩平平。崔淑立是一个喜欢挑战的人，绝不会轻易被困难吓倒。这天，崔淑立一上班就看到了B客户发来的要求设计洗衣机新外观的邮件。因时差12个小时，此时正是美国的晚上，崔淑立很后悔，如果能即时回复，客户就不用再等到第二天了！从这天起，崔淑立决定以后晚上过了11点再下班，这就意味着可以在当地上午的时间里处理完客户的所有信息。

三天过去了，由于崔淑立与客户能及时沟通，开发部很快完成了新外观洗衣机的设计图。就在决定把图样发给客户时，崔淑立认为还必须配上整机图，以免影响确认。她"逼着"自己和同事们今天的事情必须在今天干完，绝不能拖到明天，当她拿着众人努力的结晶——整机外观图并发给客户时，已经是晚上12点了。大约凌晨1点，崔淑立回到家，立刻打开家中电脑，当她看到客户的回复："产品非常有吸引力，这就是美国人喜欢的。"她顿时高兴得睡意全无，为自己的日事日清有效果而兴奋不已！

样机推进中，崔淑立常常半夜醒来打开电脑看邮件，可以回复的就即时给客户答复。美国那边的客户完全被崔淑立的精神打动了，推进速度更快了，B客户第一批订单终于敲定了！

其实，市场没变，客户没变，拿大订单的难度没变，变的只是一个有竞争力的人——崔淑立。崔淑立完全有理由说："有'时差'，我没法当天处理客户邮件。"但她只认目标，不说理由！为什么？崔淑立说："因为，我从中感受到的是自我经营的快乐！有'时差'，也要今天干完！"

很可能有人会说，在必要的时候拖延一下也是情有可原，甚至是有所裨益的，比如在倦怠、懒散、消沉或者恼怒的时候，停止工作比硬撑着继续工作的成效要好；比如在条件还不很充分就匆匆着手进行某项工作的时候，不如暂时先把工作放在一边等待条件的进一步成熟；比如有突如其来且更重要的任务需要完成的时候，分清轻重缓急是十分必要的；比如在准备奋力迎接挑战却感到力不从心的时候，先歇一歇以期积蓄更多的能量，很可能在再次出手时就一切轻而易举，游刃有余。

这些都是在为自己的拖延找借口，我们也很明显地看到那些出众的人没有谁会因此而为自己的拖延寻找借口，他们没有任何人会因此而推脱确实需要立刻行动的工作。所谓的情绪、效率等都不能成为你拖延工作的理由，我们能做的是尽快调整自己的状态，让自己去适应工作，而不是随着自己的心情去工作，因为这样是不能成功的。

从现在起就克服掉自己的惰性吧！立即行动起来，把手头该做的事情完成吧！不要拖到明天，如果事事待明日，只能是万事成蹉跎。

立即行动，不要让梦想萎缩

大多数的人，在开始时都拥有很远大的梦想，但因为缺乏立即行动的个性，梦想于是开始萎缩，种种消极与不可能的思想衍生，甚至于就此不敢再存任何梦想，过着随遇而安、乐天知命的平庸生活。这也是为何成功者总是占少数的原因。

有一个幽默大师曾说："每天最大的困难是离开温暖的被窝走到冰

冷的房间。"他说得不错。当你躺在床上认为起床是件不愉快的事时，它就真的变成一件困难的事了。即使这么简单的起床动作，亦即把棉被掀开，同时把脚伸到地上的自动反应，都可以击退你的恐惧。

那些大有作为的人物都不会等到精神好的时候才去做事，而是推动自己的精神去做事的。

"现在"这个词对成功的妙用无穷，而用"明天""下个礼拜""以后""将来某个时候"或"有一天"，往往就是"永远做不到"的同义词。有很多好计划没有实现，只是因为应该说"我现在就去做，马上开始"的时候，却说"我将来有一天会开始去做"。

人人都认为储蓄是件好事。虽然它很好，但是并不表示人人都会依据有系统的储蓄计划去做。许多人都想要储蓄，只有少数人才真正做到。这里是一对年轻夫妇的储蓄经过。毕尔先生每个月的收入是1000美元，但是每个月的开销也要1000美元，收支刚好相抵。夫妇俩都很想储蓄，但是往往会找些理由使他们无法开始。他们说了好几年："加薪以后马上开始存钱""分期付款还清以后就要……""度过这次困难以后就要……""下个月就要""明年就要开始存钱。"

最后还是他太太珍妮不想再拖。她对毕尔说："你好好想想看，到底要不要存钱？"他说："当然要啊！但是现在省不下来呀！"

珍妮这一次下决心了。她接着说："我们想要存钱已经想了好几年，由于一直认为省不下，才一直没有储蓄，从现在开始要认为我们可以储蓄。我今天看到一个广告说，如果每个月存100美元，15年以后就有18000美元，外加6600美元的利息。广告又说：'先存钱，再花钱'比'先花钱，再存钱'容易得多。如果你真想储蓄，就把薪水的10%存起来，不要再移作他用。我们说不定要靠饼干和牛奶过到月底，只要我们真的那么做，一定可以办到。"

他们为了存钱，起先几个月当然吃尽了苦头，尽量节省，才留出这笔预算。现在他们觉得"存钱跟花钱一样好玩"。

想不想写信给一个朋友？如果想，现在就去写。有没有想到一个对于生意大有帮助的计划？马上就开始。时时刻刻记着本杰明·富兰克林的话："今天可以做完的事不要拖到明天。"这也就是我们中国俗话所说的："今日事，今日毕。"

如果你时时想到"现在"，就会完成许多事情；如果常想"将来有一天"或"将来什么时候"，那就一事无成。

梦想是成功的起跑线，决心则是起跑时的枪声。行动犹如跑步者全力地奔驰，唯有坚持到最后一秒的人，方能获得成功的锦标。

现在不想做的，以后就会更不想做

"我会尽快去做的""最近我很忙""过几天再说吧，现在我手头有事"等等借口，最容易养成拖延的不良习惯。我们身边有很多这样的人，你把一件任务派给他并且要求立即就做时，对方却说"先放着吧，我现在不想做"或者"我现在不想做这个，先做别的吧，最后再做这个"。而实际上的结果却是，最初你不想做的事，到最后还是不想去做。

所以，不要把开始没做好的事指望以后做得更好，其中的理由和借口只能让你越来越不想做。与其这样，反不如把每一件接到手的任务在最初阶段就做好做完善，而不是日后集中修补。

优秀的员工是不需要在工作中找任何借口的。能力平平的人会以勤补拙，来超额完成任务；技能不足的人会想方设法提高自己的技能水平，最大限度地发挥自身的优势，来体现自己的工作价值。如果在时间上产生冲突了，为了更合理地利用时间办最多的事情，他们也不会说"我真是太忙了""我没时间现在做"等借口，而是尽量在最快的时间内完成他人所需，哪怕是占用了自己的一点点个人时间。所以，优秀的员工从来都不会把事情放到最后去做，也不会说"现在不想"之类的理由。他们总是采取积极的行动，出色地完成交付给自己的工作，即使再忙也不会置任务于不顾。

别在最初的起点上耽误自己。

小王和小刘都是很有梦想并富有创造力的人。他们同时进了一家集团公司，分在不同的分公司工作。然而一年后，进行工作总结时，两人却受到了不同的待遇。小刘因为成绩突出得到了表扬和奖励，小王却因为业绩平平受到了批评。

刚进公司时，小王给大家的印象更好一些，因为他脑子比小刘更活，思维也更开阔，但为什么却做得不如小刘好呢?

人事部的领导对两位员工进行了研究分析后发现：一年来，两人都想把自己的创造性贡献给公司，也都很努力。两人唯一的区别是：小刘有了一个好想法就会立即行动起来，即使实现这一想法的条件不具备、会遇到困难，他也不会找借口，而是毫不犹豫地去做。而小王尽管脑子里有很多想法，但总是停留在构思阶段，或者当想法不符合现实条件的需求时，他就会放弃。这样虽然好想法不少，却没有一个付诸实践，并且还以种种理由抹杀了一些好的想法。

之所以有很多人不成功，是因为他们把时间耽误在了起点上。比如

"现在不想做""过段时间再说"等，在这样的想法上徘徊得时间越长，就越会产生不想做的心理。很多事情都没有行动或没有结果的原因就是在起点上耽误的时间过长，而滋生了以后不愿意做或者不做的惰性。

加快执行速度，加大执行力度对于你的想法是最好的证明。

某集团的CEO坐在自己的办公室苦思冥想，一脸疲惫。已经很晚了，公司其他的人早已下班回家，只有他还在思索：为什么自己伟大的战略最终会归于失败？为什么自己拥有行业中最出色的团队还是会失败？为什么各种准备很齐全却无法成功？董事会已经不会再信任我了，该怎么办呢？

几个星期后，这名CEO被董事会解雇。他在就职之初，由于具有颇高的天分，被董事会寄予厚望，他也做出了最好的计划和远景规划，提出的战略也被董事会看好。然而，他最大的问题是没有将自己的战略很好地执行，他不是一个优秀的执行者，最终不得不黯然离开。

计划多么周密详尽，也只能占到成功的一小部分，关键在于执行。工作是否做到位，是否将工作落实到实处，优秀的团队是否在执行者的指挥下发挥了作用，这些都是检验执行力度的标准。

要事第一，条理清晰

每天都会有一堆纷繁的事情要做。怎么办呢，总要给它们排排顺序吧。成功人士明白，永远先做最重要的。

当美国伯利恒钢铁公司还是一个默默无闻的小公司时，他的老板查理斯·舒瓦普，曾向效率专家艾维·利请教，怎样才能更高效地执行计划。

艾维·利于是递了一张纸给他，并向他说："写下你明天必须做的最重要的各项工作，并按重要性的次序加以编排。明早当你走进办公室后，先从最重要的那一项工作做起，并持续地做下去，直到完成该项工作为止。重新检查你的办事次序，然后着手进行第二项重要的工作。倘若任何一项着手进行的工作花掉你整天的时间，也不用担心。只要手中的工作是最重要的，则坚持做下去。假如按这种方法你无法完成全部的重要工作，那么即使运用任何其他方法，你也同样无法完成它们，而且若不借助于某一件事的优先次序，你可能甚至连哪一种工作最为重要都不清楚。将上述的一切变成你每一个工作日里的习惯。当这个建议对你生效时，把它提供给你的部属采用。这个试验你想做多久就做多久，然后给我寄支票吧，你认为值多少钱就给我多少钱。"

一个月后，查理斯·舒瓦普给艾维·利寄去了一张2.5万美元的支票，并附上一封信。信上说，艾维·利给他上了一生中最有价值的一课。5年之后，这个当年不为人知的小钢铁厂一跃成为世界上最大的独立钢铁厂之一。

也许你确实很有能力，老板指派的每件事都能出色完成。但是，你不可能一辈子都是听命于人的角色。如果让你独立地、实质性地操作一项多角度、全方位的大事，在纷繁复杂的事务中，你能在千千万万的事物中理出头绪来吗？这就是考验你的时刻。其实，商界大亨亨利·杜哈蒂早就说过："我只做一件事，思考和安排工作的轻重缓急，其余的完全可以雇人来做。"

善于从诸多的小事中抓住大事，从大事中把握、做好最重要的事情，是我们每个人都应该学习的必修课。人生也是这样，我们总是有太多的事情要做，总会有完不成的任务。我们要选择对自己最重要的事情，然后去努力完成它，实现它。

只是，你知道什么事情对你来说是最重要的么？事情可以分为很多类别，你一定要学会区分重要的事情和紧急的事情。

有一些事情很重要，但是并不紧急。比如说你那些关于"坚持学习、提升能力、锻炼身体"等的计划，它们看起来可能并不急迫，但这些事情应该是我们人生中的主要事件，因为这类事情可以让我们的人生更成功。前面已经说过，要量化我们每天的工作。对于这类事情，更要如此，规定每天需要完成的部分，然后坚持不懈地去做。不要因为这些事情并非迫在眉睫就避重就轻。真正有效率的人，总是急所当急并且防患于未然的。

另外有一些事情，看起来很急迫但是并不重要。比如说接电话、回复邮件、查找那些不知被我们放在何处的文件等。在这些事情上花的时间是可以避免的，如果朋友跟你煲电话粥，你可以委婉地提醒他自己还要工作，接电话不要花太久；把文件资料之类的放置得井井有条，至少自己要知道在哪里，不要满世界去找一会儿要用的文件……学会恰当处理不重要但紧迫的事情，会给你留出更多时间去处理真正重要的事情。

还有一些事情是根本不需要做的，不要以为真的重要。一个几乎每天都参加饭局和宴会的经理人说，在分析之后，他发觉至少有三分之一的宴请根本不需要他亲自出席。有时他甚至觉得有点哭笑不得，因为主人并不真心希望他出席，他们发来邀请纯粹是出于礼貌，如果他真的接受了邀请，反而会使人家感到手足无措。分析一件事情对你来说，对你所在的企业来说是不是真的重要，本身就是一件很重要的事情，千万不可忽视。

记得，不要被别人重要的事情牵着走，而你自己重要的事情却没有做。这会造成你很长时间都比较被动。

时间在飞翔，但你就是驾驶员，可以驾驭它。把你每一分每一秒的时间都用在做最重要的事情上吧。

你不知道做什么好时，就让自己静一静

一个人要前行必然会遇到各种自己未知的事情，也有很多难以预料的困扰、麻烦。虽然对于棘手的事情，最好快刀斩乱麻地处理，但很多时候不妨让自己静下来，再想想看看，说不定你能找到最为妥当的方法。

学会心怀坦荡地为人处世

悠悠岁月，世事纷扰。芸芸众生中，谁都有过痛苦、困惑、烦忧抑或委屈的时候。如何怀着平淡的心态去看待或解决这些伤神、无奈而又弃之不得的事，这就跟一个人的品格、涵养、智慧和处理问题的能力有极大的关系了。

有这样一则故事：

有一位叫白隐的禅师，是位生活纯净的修行者，因此受到乡里居民的称颂，都认为他是个可敬的圣者。在白隐禅师的住处附近住着一对夫妇，他们有一个漂亮的女儿，有一天夫妇俩愕然发现女儿已有身孕。夫妇俩勃然大怒，逼问女儿那个可恶的男人是谁？女儿吞吞吐吐说出白隐两字。夫妇俩怒不可遏地去找白隐理论，但这位大师不置可否，只是若无其事地回答："就是这样吗？"孩子生下来后，就被送给白隐。此时，他的名誉虽然已扫地，但他并不以为然，只是非常细心地照顾孩子。平时免不了遭受别人的白眼或冷嘲热讽，但他总是泰然处之，仿佛他是受托抚养别人的孩子一般。后来孩子的母亲实在觉得羞愧，终于老实向父母吐露实情：孩子的父亲是在鱼市工作的一个年轻人。她的父母立即带她到白隐那里，向他道歉，并祈求得到他的宽恕。白隐仍然淡然如水，他没有趁机教训他们，仍说那句淡淡的话："就是这样吗？"仿佛不曾发生过什么事。白隐超乎"忍辱"的德行，赢得了更多、更久的称颂。

想想我们遇到一点挫折或委屈就容易产生的消沉和迷惘，我们应该感到汗颜。这比之白隐又算得了什么？白隐泰然自若、淡然处之的气度，不但体现了他的品德、修养，而且他的所为也蕴含了一种无限的智慧。假如一开始白隐就据理力争，他的形象也许就不那样完美了。使恒久的忍耐化为无形的坚毅，使无数的干戈化为玉帛，白隐的宽容实际也是一种高深的智慧。

在生命流逝的过程中，矛盾、争议和误解几乎无所不在，朋友之间、同事之间、甚至亲人之间都需要我们心平气和的宽容。如果没有宽容，如果不能宽容，而是带着误会、埋怨甚至愤恨投入到工作生活当中，这样不但使工作得不到应有的进展，生活也不会和谐、快乐。蔺相如接受廉颇的"负荆请罪"、唐太宗接纳魏征无视礼节的劝谏，以及刘备

"三顾茅庐"……他们的坦荡胸襟实际也是一种智慧。

做人是一门很深的艺术。而学会心怀坦荡地为人处世，也许将使我们受益一生。

心平气和，方能圆满

一位绅士过独木桥，刚走几步便遇到一个孕妇。绅士很礼貌地转过身回到桥头让孕妇过了桥。孕妇一过桥，绅士又走上了桥。走到桥中央又遇到了一位挑柴的樵夫，绅士二话没说，回到桥头让樵夫过了桥。第三次绅士再也不贸然上桥，而是等独木桥上的人过尽后，才匆匆上了桥。

眼看就到桥头了，迎面赶来一位推独轮车的农夫。绅士这次不甘心回头，摘下帽子，向农夫致敬："亲爱的农夫先生，你看我就要到桥头了，能不能让我先过去。"农夫不干，把眼一瞪，说："你没看我推车赶集吗？"话不投机，两人争执起来。这时河面漂来一叶小舟，舟上坐着一位和尚。和尚刚到桥下，两人不约而同请和尚为他们评理。

和尚双手合十，看了看农夫，问他："你真的很急吗？"农夫答道："我真的很急，晚了便赶不上集了。"和尚说："你既然急着去赶集，为什么不尽快给绅士让路呢？你只要退那么几步，绅士便过去了，绅士一过，你不就可以早点过桥了吗？"

农夫一言不发，和尚便笑着问绅士："你为什么要农夫给你让路呢？就是因为你快到桥头了吗？"

绅士争辩道："在此之前我已给许多人让了路，如果继续让农夫的话，便过不了桥了。"

"那你现在是不是就过去了呢？"和尚反问道，"你既已经给那么多人让了路，再让农夫一次，即使过不了桥，起码保持了你的风度，何乐而不为呢？"绅士满脸涨得通红。

的确如此，双方只要心平气和地忍让一下，什么事都不会发生的。

古人与人为善、修身立德的谆谆教诲警示世人，一个人唯胆量大、性格豁达方能纵横驰骋，若纠缠于无谓的鸡虫之争，非但有失儒雅，反而会终日郁郁寡欢，神魂不定。唯有对世事时时心平气和、宽容大度，方能处处契机应缘、和谐圆满。

淡定人生需要清理心灵垃圾

英国诗人威廉·费德说过："舒畅的心情是自己给予的，不要天真地去奢望别人的赏赐。舒畅的心情是自己创造的，不要可怜地乞求别人的施舍。"

神秀曾作一偈："身是菩提树，心如明镜台。时时勤拂拭，勿使惹尘埃。"心如明镜，纤毫毕现，洞若观火，那身无疑就是"菩提"了。但前提是"时时勤拂拭"，否则，尘埃厚厚，似茧封裹，心定不会澄碧，眼定不会明亮了。

一个人，在尘世间走得太久了，心灵无可避免地会沾染上尘埃，使原来洁净的心灵受到污染和蒙蔽。心理学家曾说过："人是最会制造垃坂污染自己的动物之一。"

的确，清洁工每天早上都要清理人们制造的成堆的垃圾，这些有形的垃圾容易清理，而人们内心中诸如烦恼、欲望、忧愁、痛苦等无形的垃圾却不那么容易处理了。因为，这些真正的垃圾常被人们忽视，或者出于种种的担心与阻碍不愿去扫。譬如，太忙、太累；或者担心扫完之后，必须面对一个未知的开始，而我们又不确定哪些是我们想要的。万一现在丢掉的，将来想要时却又捡不回来，怎么办？

的确，清扫心灵不像日常生活中扫地那样简单，它充满着心灵的挣扎与奋斗。不过，我们可以告诉自己：每天扫一点，每一次的清扫，并不表示这就是最后一次。而且，没有人规定我们必须一次扫完。但我们至少要经常清扫，及时丢弃或扫掉拖累心灵的东西。

每个人都有清扫心灵的任务，对于这一点，古代的圣者先贤看得很清楚。圣者认为，"无欲之谓圣，寡欲之谓贤，多欲之谓凡，得欲之谓狂"。圣人之所以为圣人，就在于他心灵的纯净和一尘不染，凡人之所以是凡人，就在于他心中的杂念太多，而他自己还蒙昧不知。所以，圣人了悟生死，看透名利，继而清除心中的杂质，让自己纯净的心灵重新显现。

我们都有清理打扫房间的体会吧。每当整理完自己最爱的书籍、资料、照片、唱片、影碟、画册、衣物后，我们会发现：房间原来这么大，这么清亮明朗！自己的家更可爱了！

其实，心灵的房间也是如此，如果不把污染心灵的废物一块一块清除，势必会造成心灵垃圾成堆。而原来纯净无污染的内心世界，亦将变成满池污水，让我们变得更贪婪、更腐朽、更不可救药。

人的一生，就像一趟旅行，沿途中有数不尽的坎坷泥泞，但也有看不完的春花秋月。如果我们的一颗心总是被灰暗的风尘所覆盖，干涸了心泉、黯淡了目光、失去了生机、丧失了斗志，我们的人生轨迹岂能美好？而如果我们能"时时勤拂拭"，勤于清扫自己的"心地"，勤于掸净自己的灵魂，我们也一定会有"山重水复疑无路，柳暗花明又一村"的那一天。

清空心灵，宁静平和

宁静是人的一种感觉，而能够处变不惊的宁静，却是需要一番历练才能够拥有的，是一个人成熟的象征。

有这样一个故事：

老街上有一个铁匠铺，铺里住着一位老铁匠。由于没人再需要打铁制的器具，现在他改卖铁锅、斧头和拴小狗的链子。他的经营方式非常古老和传统。人坐在门内，货物摆在门外，不吆喝，不还价，晚上也不收摊。无论什么时候从这儿经过，人们都会看到他在竹椅上躺着，手里一个半导体，身旁是一把紫砂壶。

老铁匠的生意也没有好坏之说。每天的收入正够他喝茶和吃饭。他老了，已不再需要多余的东西，因此他非常满足。

一天，一个文物商人从老街经过，偶然看到老铁匠身旁的那把紫砂壶。因为那壶古朴雅致、紫黑如墨，有清代制壶名家戴振公的风格。于是他走了过去拿起那把壶，壶嘴内有一记印章。商人一看，果然是戴振公的！商人惊喜不已。

商人端起那把壶，想以10万元的价格买下来。当他说出这个数字时，老铁匠先是一惊，然后马上拒绝了。因为这把壶是他爷爷留下来的，他们祖孙三代打铁时都喝这把壶里的水，他们的汗也都来自这把壶。

商人走后，老铁匠有生以来第一次失眠了。这把壶他用了60年，并且一直以为是把普普通通的壶。现在竟然有人要以10万元的价格买下它，他转不过神来。

过去，他躺在椅子上喝茶，都是闭着眼睛把壶放在小桌上。现在他总要坐起来再看一眼。这让他非常不舒服。特别让他不能容忍的是，当人们知道他有一把价值不菲的茶壶后，总是拥破宅门，有的问还有没有其他的宝贝，有的甚至开始向他借钱。更有甚者，晚上推他的门。

他的生活被彻底打乱了。

第二天，老铁匠再也坐不住了。他招来左右店铺的人和前后邻居，拿起一把斧头，当众把那把紫砂壶砸了个粉碎。

现在，老铁匠还在卖铁锅、斧头和拴小狗的链子。据说他已经一百多岁了。

老人愤怒地砸烂了茶壶，他只想得到一片属于自己的宁静。

这是个故事真实而感人，宁静的净化，让人感动。

当我们真正领略了人生的丰富与美好，生命的宏伟和广阔，让身心平直地立在生活的急流中，不因贪图而倾斜，不因喜乐而忘形，不因危难而逃避。我们就读懂了宁静，理解了宁静。于是，宁静不再是宁静，宁静成了一首诗，成了一道风景，成了一曲美妙的音乐，成了享受。

停下脚步，等待沉淀

有一次一位年轻人到关渡，看到有一群人，手里拿着望远镜，对着蓝天，对着那一片泥沼，对着那整片红树林望着。他不禁好奇地趋前问他们："你们在望什么啊？"

只见那些人理所当然地回答道："我们在等啊！"

·"等？等什么呢？"

"等鸟飞过来！"

又有一次，这个年轻人到海边玩，看见许多人手里握着钓竿，面向大海，把线放得远远的，每个人的眼神都充满了笃定。

他便问其中的一人："你们面对大海，心里在想什么呢？"

那个人回答说："我们在等啊！"

"等什么？"

"等鱼儿！"

于是，年轻人也开始在生活中学习"等"的感觉。等着红灯变绿灯，等着太阳升起，等着夜晚变白天，等一种"沉淀"。他开始享受等待的美好感受了。

古时候人们曾用驴子推磨，但为了避免它懒惰不肯用力，就先把驴子的眼睛蒙起来，让它看不见东西，再将花生酱抹在驴子的鼻子上，驴子闻到香味，以为前面一定有好吃的食物，就会拼命往前冲。

在生活中，人们也常常在追逐着这个、追逐着那个，到头来往往也都是空忙一场。这跟驴子又有什么两样呢?

所以在我们的人生中有了"等"的期待,就有了"停一停""等一下"的美好。很多人是不喜欢"等"的感受的。走在马路上,我讨厌等红灯;搭公交车时,我讨厌一站站地停;买东西时,我讨厌排队结账;到馆子吃饭,我更讨厌站着等位子。

然而,我们的生活不可缺少等的感觉。"等"可以使心情变得美好起来!试想,在音乐里如果没有休止符,那音乐就会变成刺耳的噪音;在一幅画里如果没有空白那就是杂乱无章的垃圾;而人生中如果没有"等"的期待,就没有办法享受希望与梦想的美妙感受了。

在下雨时,我们等着太阳出来;当阳光透出云际的同时,我们等到了彩虹。然而,无论是等待时的希望还是彩虹给我们的美妙,都是我们人生中的美好感受啊!如果,彩虹时刻挂在天空里,那我们还会觉得它是那样的美丽吗?

也许有时我们真的等不下去了,其实那是我们已经感到没有了希望。既然如此,那就没有必要再无望地等了,改变一下自己的方向,我们就可以开始新的一切了。当然,这还需要我们开始新的等待。

生活中,由于有了等待,才会让我们在获得时感到了更强烈的兴奋和感激。不要再为等待的漫长而倍感焦急,让我们的心情逐渐平静,去用平和的心境感受等待和希望的美妙吧。

不纠结于错误，不迷茫于过去

　　每个人都是活在当下的，悔错之心可以有，但是太过自责，则把自己停留在悲伤之中了。要是我们得不到所希望的东西，最好不要让悔恨来苦恼我们的生活。且让我们原谅自己，学得豁达一点。

不为后悔而纠结

　　令人后悔的事情在生活中经常出现。许多事情做了后悔，不做也后悔；许多人遇到要后悔，错过了更后悔；许多话说出来后悔，说不出来也后悔……人的遗憾与后悔情绪仿佛是与生俱来的，正像苦难伴随生命的始终一样，遗憾与悔恨也与生命同在。

　　人生一世，花开一季，谁都想让此生了无遗憾，谁都想让自己所做的每一件事都永远正确，从而达到自己预期的目的。可这只能是一种美好的幻想。人不可能不做错事，不可能不走弯路。做了错事，走了弯路之后，有后悔情绪是很正常的，这是一种自我反省。正因为有了这种"积极的后悔"，我们才会在以后的人生之路上走得更好、更稳。

但是，如果你纠缠住后悔不放，或羞愧万分，一蹶不振；或自惭形秽，自暴自弃，那么你的这种做法就真正是蠢人之举了。

古希腊诗人荷马曾说过："过去的事已经过去，过去的事无法挽回。"的确，昨日的阳光再美，也移不到今日的画册。我们又为什么不好好把握现在，珍惜此时此刻的拥有呢？为什么要把大好的时光浪费在对过去的悔恨之中呢？

覆水难收，往事难追，后悔无益。

据说一位很有名气的心理学老师，一天给学生上课时拿出一只十分精美的咖啡杯。当学生们正在赞美这只杯子的独特造型时，教师故意装出失手的样子，咖啡杯掉在水泥地上成了碎片，这时学生中不断发出了惋惜声。可是不断的惋惜也无法使咖啡杯再恢复原形。老师说："今后在你们生活中如果发生了无可挽回的事时，请记住这只破碎的咖啡杯。"

破碎的咖啡杯，恰恰使我们懂得了：过去的已经过去，不要为打翻的牛奶而哭泣！生活不可能重复过去的岁月，光阴如箭，来不及后悔。从过去的错误中吸取教训，在以后的生活中不要重蹈覆辙，要知道"往者不可谏，来者犹可追"。

错过了就别后悔。后悔不能改变现实，只会减少未来的美好，给未来的生活增添阴影。让我们牢记卡耐基的话吧："要是我们得不到我们希望的东西，最好不要让忧虑和悔恨来苦恼我们的生活。且让我们原谅自己，学得豁达一点。"

尽管忘记过去是一件十分痛苦的事情，但事实上，过去的毕竟已经过去，过去的不会再发生，你不能让时间倒转。无论何时，只要你因为过去发生的事情而损害了目前存在的意义，你就是在无意义地损害你自己。超越过去的第一步是不要留恋过去，不要让过去损害现在，包括改变对现在所持的态度。

如果你决定把现在全部用于回忆过去、懊悔过去的机会或留恋往日的美好时光，不顾时不再来的事实，希望重温旧梦，你就会不断地扼杀现在。因此，我们强调要学会适当地放弃过去。

当然，放弃过去并不意味着放弃你的记忆，或要你忘掉你曾学过的有益事情，这些事情会使你更幸福、更有效地生活在当下。

遇事冷静分析，谨防猜疑

我国古代就有"疑人偷斧"的寓言。这则寓言讽刺了那种疑心重重，戴着有色眼镜看人，甚至毫无根据地猜疑他人的人。

在生活中，我们常会碰到一些猜疑心很重的人。他们总觉得别人在背后说自己的坏话，或给自己使坏。有时我们自己也喜欢猜疑，看到别人说笑，便以为他们在议论自己，心里就不痛快起来。喜欢猜疑的人特别注意留心外界和别人对自己的态度，别人脱口而出的一句话，他很可能琢磨半天，试图发现其中的"潜台词"。

玲有这样一位女友，疑心特别大，她的心总处在极度的不安全感中。谁帮她介绍对象，她就怀疑谁跟那个人一定关系不一般。不仅反复用话试探女友，也询问男友，还会进行秘密侦察。比如，男友没有赴她的约，她会马上给介绍人打匿名电话，以刺探他们是否在一起。有一次玲接到她的匿名电话，可当时玲并不知道事情的原委，害得那位男性朋友一再问玲：这个女孩人品好吗？玲跟他打保票：是我好朋友的好朋友，绝对没问题。但后来他们还是分手了，一年后，女孩另嫁他人，而她们也因为其他事而疏远了。直到这时，那位男性朋友才告诉玲他们分手的原因：女孩太多疑，这样的人是不适合过日子的。他说，玲和玲的朋友一直在他面前说她的好话，而她却在他那里说她们的坏话，怀疑玲跟他的关系，这是人品不忠厚的标志，他不能找这样的人。后来，玲还陆续听到传闻，说那女孩婚后过得似乎也不怎么好，总是怀疑老公跟办公室的女同事关系不一般，还经常玩一些跟踪的把戏，两人为此经常吵得地动山摇。玲觉得这个朋友实在太可悲。她的可悲之处就在于聪明与愚蠢就像一元钱的硬币一样正反两面相依而生，有多少个闪念就有多少个疑点。因此，她有多聪明也就有多愚蠢。

再怎么美好的家庭也会被"猜疑"扰乱夫妻关系。因为猜疑也是投向夫妻、家庭间的阴影，它使人郁闷、压抑，甚至陷入烦恼的泥沼中不能自拔。有了猜疑，夫妻间就犹如筑起了一道屏障，爱情、幸福被拒于屏障之外。

多疑心态会严重地影响人际关系。不仅自己很苦恼，周围的人也难以理解和接受。

在一些单位里，总有一些人喜欢传播小道消息，或是流言蜚语。当流言蜚语被夸大、扭曲时，就会造成人际关系的紧张，是一种恶性刺激。

多疑的人会对别人的某些行为和动作做盲目联想。别人在一起轻轻地议论某件事，正巧自己走过，他们停止了议论或突然发笑。尽管这些人议论的事与自己毫无关系，但也马上会敏感地联想到他们在背后议论自己。于是，心中的不平衡马上膨胀，情绪立即激昂起来。

多疑的人给人的印象就是神经过敏。他们往往过分的敏感，把发生在周围的一些不愉快事件强行与自己联系，听风就是雨。听说同龄妇女得癌死亡，马上会联想到自己可能也会有同样的下场；在家里，孩子放学后晚归，会联想起路上是否发生车祸；有女同志往家里打电话或爱人晚归，联想是否有第三者。

对一些涉及自身利益的事无端地怀疑。比如，晋级、加薪、分房没有满足本人的愿望时，会盲目怀疑。怀疑领导班子、人事部门有人在背后作怪，甚至扳着手指将这些领导干部逐个"排队"；怀疑同一部门的人员在背后打小报告，"搅掉了我的好事"，一旦认定，愤恨之情就会急剧上升。

不管怎样，猜疑都是人际关系的大敌。它会破坏朋友间的友谊，疏远同学或同事间的关系，无端地挑起同学、同事和朋友间的矛盾纠纷，也会影响自己的情绪。生活在猜疑中的人总是郁郁寡欢，缺少内心的宁静。

猜疑似一条无形的绳索，会捆绑我们的思路。如果猜疑心过重的话，就会因一些可能根本没有或不会发生的事而忧愁烦恼，从而不能更好地与别人交流，变得孤独寂寞，危害身心健康，因此需要加以改变。

英国思想家培根曾说过："猜疑之心如蝙蝠，它总是在黄昏中起飞。这种心情是迷惑人的，又是乱人心智的。它能使你陷入迷惘，混淆敌友，从而破坏人的事业。"因此，消除猜疑之心是保持心理健康的方法之一。

爱猜疑的人，首先要开阔自己的心胸，加强自身的修养，培养开朗、豁达、大度的性格。需要澄清的事实，诚恳同别人交换意见；对鸡毛蒜皮的小事，不要过分计较，不必过分在乎别人的态度与说法。不无端地猜疑别人，理智、冷静地对待别人的猜疑，这就是我们应保持的正常心态。

一旦有了猜疑，不要意气用事，而要冷静分析。人在猜疑的时候，容易为封闭性思路所支配。这时，需要冷静、克制。要多设想几个对立面，只要有一个对立面突破了封闭性思路的循环圈，你的理智就可能及时被唤醒。

承认事实是一种坚强

有一个人，他的性情并不很开朗奔放，他对待事情几乎从不见有焦躁紧张的时候。这并不是他好运亨通，而是他有一些与众不同的反应方式：比如，他被小偷扒走了钱包，发现后叹息一声，转身便会问起刚才丢失的身份证、工作证、月票的补办手续。一次，他去参加电视台的知识大赛，闯过预赛、初赛，进入复赛，正洋洋得意，不料，却收到了复赛被淘汰的通知书。他发了几句牢骚，随即又兴致勃勃地拜师学起桥牌来。这些反映出他的一种很根本的思维方式，那就是承认事实。

有一朵看似弱不禁风的小花，生长在一棵高耸的大松树下。小花非常庆幸有大松树作它的保护伞，为它遮风挡雨，每天可以高枕无忧。

有一天，突然来了一群伐木工人，两三下的工夫，就把大树整个锯了下来。小花非常伤心，痛哭道："天啊，我所有的保护都失去了，从此那些嚣张的狂风会把我吹倒，滂沱的大雨会把我打倒。"

远处的一棵树安慰它说："不要这么想。刚好相反，少了大树的阻挡，阳光会照耀你，甘霖会滋润你；你弱小的身躯将长得更茁壮，你盛开的花瓣将一一呈现在灿烂的阳光下。人们就会看到你，并且称赞你说，这朵可爱的小花长得真美丽啊！"

生活中我们常常为自己失去的东西难过，甚至明知已不可挽回，也不肯让自己去积极地排解。其实，在许多豁达者的眼中，任何一种失去都会诞生一种选择，任何一种选择都将有新的机会。失去了一些以为可以长久依靠的东西，自然会难过，但其中却隐藏着无限的祝福和机会。失去的时候，向前看，永远向前看——过了黑夜就是黎明。

事实一旦来临，不管它多么有悖于心愿，也毕竟是事实。大部分人的心理会在此时产生波动抗拒，但豁达者会迅速地绕过这种无益的心理冲突区域，转到该做什么的思路上去。发生的事情不可再改变，不如做些弥补的事情后立刻转向，而不让这些事在情绪的波纹中扩大它的阴影。

忘记烦恼，开心愉快

庄子说："养志者忘形。"就是说修身养性首先应忘却自己形体的存在，这样，就什么也不惧怕了。即使身患这样或那样的病症，也能使自己泰然处之，镇定自若，不焦虑，不消极，自然有利于战胜疾病，康复身体。境遇不佳者，忘掉自己的烦恼，将有助于走出低沉的心态，获得光明的前景。

爱默生经常以一种美妙的方式为他一天的生活作结尾。他经常说：

"你已经做完了你能够做的事情。你昨天一定做过一些愚蠢荒唐的事情,你应该把那些事情尽快忘掉。明天是崭新的一天,明天要好好地开始,要使你自己的精神昂扬振奋,才不至于让过去的错误成为未来的累赘。"他深深知道,一个人不应该以悔恨的心情来结束一天。

我国台湾地区著名女作家三毛小时候是一个勇敢而活泼的女孩儿。12岁那年,三毛以优异的成绩考取了当地最好的女子中学——台北省立第一女子中学。在初一时,三毛的学习成绩还行,到了初二,数学成绩一直滑坡,几次小考最高分才得50分,三毛很有些自卑心理。后来发生的一件事,彻底改变了三毛的人生轨迹。

有一次考试,由于题目难度很大,三毛得了零分,老师对她非常不满,还在全班同学面前羞辱了三毛。她从此不肯踏进校门一步,整天躲在家里自己的小屋内,不肯出来见人,因而患上了少年自闭症。

少年自闭症影响了三毛一生,在她成长的过程中,甚至在她长大成人之后,她的性格变得脆弱、偏颇、执拗、情绪化。这样的性格对于她后来的作家职业可能没有太多的负面影响,但却严重影响了她人生的幸福。1991年1月,三毛在台北自杀身亡,多少与她的性格弱点有关。

从三毛的经历来看,对于一些不愉快的往事和不值得一提的小事,以及没有意义的琐事,我们就应及时地忘掉,别放在心上,以免伤害自己。同时,只有既往不咎的人才可甩掉沉重的包袱,大踏步地前进。

我们有时陷入情绪的纠缠中,往往不是事情真的那么令人烦恼,而是我们太斤斤计较,换句话说,是心胸太狭隘了。

坚持自己，放弃模范

人际关系大师卡耐基曾经说过一个故事：

从前有个女孩，她出身平凡（是公车调派员的女儿），天生拥有非常动听的声音，确实有当歌星的潜能，可惜嘴巴长得很不好看：她的嘴很大，又有暴牙，这看来确实是当歌星的致命伤。

当她第一次在美国新泽西的一家夜总会献唱时，为了让自己看来比较优雅，一直企图用上唇遮住暴牙。当然，这么做使她无法淋漓尽致地发挥自己的歌艺，也使别人很快地看出，她正做作地遮掩自己的缺陷。

还好，当晚有个说话很直的人，马上给她一个忠告："我知道你觉得暴牙很难看，所以故意要掩饰你的牙齿。其实，你越掩饰，大家越会注意到它，如果你不在意，大大张开嘴来唱，听众并不会在意你的牙齿不好看，只会听到你美妙的声音！"

这个女孩虽然觉得难堪，但接受了那人的直言无忌，勇敢地张开嘴，唱出自己最完美的声音。后来，这个女孩成为一个家喻户晓的顶尖歌手，她的暴牙也成为她醒目的个人商标，别人想模仿那种韵味都不成！

"讨好别人"的原则常和"做自己"是冲突的。但在这个个性化的时代，一个毫无个性的人不可能脱颖而出。如果真的想当一只捕捉人们听觉的云雀，你不能和所有的麻雀发出同样的叫声。

讨好别人，使你找不到自己生命的真正指标。著名的心理学家荣格曾经如此分析："我的病人之中有三分之一以上在医学上找不到任何病因，他们只是找不到自己生命的意义，拼命自怜而已。"

我们该自爱，但自怜却不是好东西；该对别人好，但一味讨好，恐怕没有人认为该真正尊敬你。

哈利教授少年时就认识一个非常在乎别人看法的人。那时候他很喜欢在星期天上教堂，因为教堂的音乐总使人心情舒畅。但这家伙未免有点讨厌，他虽然眉清目秀，待人也非常客气，却总是每隔几个礼拜，就要发给同年龄的人一份问卷。他总是问：你会给我打几分？你认为我的优点是什么？有哪些缺点需要改进？

这人勇于自我检讨的精神也许值得嘉奖，但他看见问卷的反馈信息后，却屡屡变得更不快乐。试想，别人在白纸黑字上诚实地写下你的缺点，除非圣贤，谁会真的开心？

看到他那么不开心，过几个礼拜，他再发问卷给哈利时，哈利干脆昧着良心给他一百分，在缺点栏下填：无！

没想到他并不因此而高兴，他把哈利拉到一旁，指责哈利不是个诚实的朋友："我从你的眼神中可以看得出，你并不认为我十全十美，既然这样，你为什么口是心非地给我一百分？"

"因为你实在很烦！"年轻气盛的哈利冲口而出。

这时，牧师走了过来，当牧师倾听了他们的争执之后，微笑地对那个人说出一句妙语："下一次，不要再麻烦你的朋友为你打分数，请上帝为你打分数吧！"

是的，就让我们心中的上帝为我们的表现打分数吧，何必斤斤计较别人给你几分呢？

放心，你永远不会让全世界都满意，也没有必要。

在一次讨论会上，一位著名的演说家没讲一句开场白，手里却高举一张20美元的钞票，面对会议室里的20个人，他问："谁要这20美元？"一只只手举了起来。他接着说："我打算把这20美元送给你们当中的一位，但在这之前，请准许我做一件事。"他于是把钞票揉成一团，问："谁还要？"仍有人举起手来。他又说："那么，假如我这样做又会怎么样呢？"他把钞票扔到地上，踏上一只脚，并用脚碾它。尔后他拾起钞票，钞票已变得又脏又皱。"现在谁还要？"还是有人举起手来。

"朋友们，你们已经上了一堂很有意义的课。无论我如何对待那张钞票，你们还想要它，因为它并没有贬值，它依旧值20美元。人生路上，我们会无数次被自己的决定或碰到的逆境击倒、欺凌，甚至碾得粉身碎骨。我们觉得自己似乎一文不值。但无论发生什么，或将要发生什么，在上帝眼中，你们永远不会丧失价值。在他看来，你们始终是无价之宝。生命的价值不依赖我们的所作所为，也不仰仗我们结交的人物，而是取决于我们本身！你们是独特的——永远不要忘记！"

看完这篇文章的人，常有一种茅塞顿开的感觉：是啊，只要有能力，又何必在意别人怎么看。

是的，"酒香不怕巷子深""是金子，总会发光的"。能作为警世之言遗留下来的中国俗话，在感化人类心灵上很是温馨，很是慈祥。它没有强求，但求自然；它没有过多的欲望，它有清淡净化的领悟。

你一定要相信自己，你是最好的。只要你是最好的，世界上美好的事物就自动会向你靠拢。乔丹打篮球成为世界顶尖篮球明星，不但一年收入几千万美金，而且有人找他拍电影、拍广告，还有找他出书，请问他的运动鞋需要自己买吗？不用，耐克会提供。他穿的西服需要自己买吗？当然也不用，别人不但免费提供还要付他广告费，甚至香水厂商还借乔丹的名字与肖像生产乔丹牌香水。乔丹什么事都不用做，只要出名字与头像，别人就送他30%的股份。为什么？因为乔丹相信自己：他早年被校篮球队拒绝过，但他一定是最好的。

每个人都有自己的特质，只是，很多人一辈子都没有发现属于自己的天籁。没有一个人应该糟到放弃自己，去模仿别人。坚守自己的信念，别人能够默默无闻到有所成就，你其实也行的，只要你朝着最好的自己出发，就会终有成就的。

第七章

一切都是最好的安排

别多想，一切都是最好的安排

世事洞明皆学问，等你在遭遇困境和不解后，接受了当初令你难以接受的东西后，你会明白：原来这一切是最好的安排。

凡事往好的结果上想

我们常常都有这样的感觉：在心烦气躁的心理状态下，做事也经常错误百出，越是心急越是想不出办法来，结果事情就会变得糟糕，而心情也会由此一落千丈地坏下去；相反，如果保持做事的热情，拥有良好的积极心态看待问题和困难，似乎一切的难题都不是问题了，做起事来也得心应手，顺风顺水。可见，问题处理结果的好坏，做事的成败，除了与我们自身的能力和智力水平有关，与心态也有着极为密切的关系。

心态决定一切。美国成功学学者拿破仑·希尔关于心态的意义说过这样一段话："人与人之间只有很小的差异，但是这种很小的差异却造成了巨大的差异！很小的差异就是所具备的心态是积极的还是消极的，巨大的差异就是成功和失败。"

所以我们要有一个积极的心态，凡事往好处想。

人人都会有许多难题。那些具有积极心态的人能从逆境中求得极大的发展，用积极心态去激励自己。凡是能构想和相信的东西，就能用积极的心态去得到它。可以说，积极的心态是一切成功的起点。

做事时如果保持积极的心态，我们就会获得许多力量把事做好。因为积极的心态能产生自我暗示，能让我们产生立刻行动的激情，并且这种心态能够积极地影响身边的人。

杰瑞是美国一家餐厅的经理，他总是有好心情，当别人问他最近过得如何，他总是有好消息可以说。

当他换工作的时候，许多服务生都跟着他从这家餐厅换到另一家，为什么呢？因为杰瑞是个天生的激励者，如果有某位员工今天运气不好，杰瑞总是适时地告诉那位员工往好的方面想。

这样的情境让人很好奇，所以有一天有人问杰瑞："很少有人能够老是那样积极乐观，你是怎么办到的？"

杰瑞回答："每天早上我起来后告诉自己，我今天有两种选择，我可以选择好心情，也可以选择坏心情，我总是选择有好心情。即使有不好的事发生，我可以选择做个受害者，或是选择从中学习，我总是选择从中学习。每当有人跑来跟我抱怨，我可以选择接受抱怨或者指出生命的光明面，我总是选择生命的光明面。"

"但并不是每件事都那么容易啊！"那人抗议道。

"的确如此，"杰瑞说，"生命就是一连串的选择，每个状况都是一个选择，你选择如何响应，你选择人们如何影响你的心情，你选择处于好心情或是坏心情，你选择如何过你的生活。"

　　即使当我们无能为力时也不要放弃，要培养自我的心灵自由，将自我引向积极和美好的一面。凡事都有好的一面，也有坏的一面；有乐观的一面，也有悲观的一面。就好比一个碗缺了个角，乍看之下，好似不能再用，若肯转个角度来看，你将发现，那个碗的其他地方都是好的，还是可以用的；反之，若凡事皆能往好的、乐观的方向看，必将会希望无穷。

走进不要抱怨的世界，你在为自己

　　你在为谁工作，为什么工作？这是关于工作意义、人生价值的大问题，每一个人都必须回答，不能也不容逃避。

　　答案可能形形色色，五花八门，林林总总，丰富多彩，但从根本上说，你是在为自己工作，为自己的幸福工作。

　　你是在为自己工作，所以，你一定会工作态度端正，工作动力强劲，工作表现优异，工作业绩突出。

　　你是在为自己的幸福工作，所以，你一定会心想事成，美梦成真，在付出的同时，得到自己追求的幸福。

　　吉米是一个铁路工人。一天，从一列豪华列车上走下来一个人，他对着吉米喊起来："吉米是你吗？"吉米抬头说："是我，迈可，见到你真高兴。"于是，吉米和迈可（吉米工作的这条铁路的总裁），进行了愉快的交谈。半小时后，迈可走了。吉米的同事都围了上来，他们对于吉米是迈可铁路公司总裁的朋友这一点感到十分震惊。吉米告诉他们，十多年前他和迈可是在同一天开始为这条铁路工作的。有个同事问："为什么你现在还在这里工作，而迈可却成了总裁呢？"吉米忧伤地说："我每天都在为工资工作，迈可从开始就立志为这条铁路工作。"

吉米的话形象地说出了造成两个差别的深层原因：为薪水而工作与为事业而工作，其效果是截然不同的。

工作有着比薪水更为丰富的内涵。工作是生存的需要。我们生命的价值寓于工作之中，工作是获得乐趣和享受成就感的需要，只有积极地、创造性地进行工作，才能取得成就感，才能体会到成就带给你的快乐。同时，人总要以一定的组织形式存在，要参与到各种各样的组织当中。当你处于一个组织当中的时候，你在自身生命之外又被赋予了一种组织的生命，你就有了为所在组织工作的意义，并从赢得的荣誉中使生命获得升华，从为他人、为组织、为社会的奉献中找到生命的意义。

此外，工作是学习和进步的需要。从生命的本质来说，工作不是我们为了获取薪水谋生才去做的事，而是我们用生命去做的事。所以，工作有着远比薪水多得多的内容。

薪水是我们工作价值的一种反映，是对我们工作中的一种回报。我们需要薪水，用以满足我们基本的物质生活和精神生活的需求。但如果你只为薪水而工作，那就意味着你把薪水看成是工作的目的，当成是工作的全部。只为薪水而工作，就像活着是为了吃饭一样，大大降低工作的意义以及生命的意义。所以，如果只为薪水而工作，那么你不仅会让自己在工作上失去很多，而且也会让你的生命失去很多。

为薪水而工作，最终吃亏的是你自己，失败的也只能是你自己。职场上许多人工作只是为了自己的那份薪水，他们总会盘算：我为老板做的工作应该和他支付给我的工资一样多，只有这样才公平。在他们的心里，工作的理由很简单：我为公司工作，公司付给我同样价值的薪水，这是等价交换。薪水是他们工作的目标，他们没有工作的信心与激情，对待工作只是应付，能偷懒就偷懒，能逃避就逃避，觉得为公司多做一点点工作自己就会吃亏。他们的工作仅仅就是为了对得起这份薪水，而从来不去想这会和自己的前途有没有关系。他们不知道职位的升迁是建立在把自己的工作做得比别人更完美、更迅速、更正确、更专注上面。

　　一个人一旦有了这种想法，无异于淹没了自己的才能，断绝了自己的希望，使自己能够成功的一切特质都得不到发挥。为了表示对薪水的不满，你虽然可以随便应付工作，但如果你一直这样做下去的话，你最终会变成一个庸碌狭隘的懦夫。

　　有很多商业界的名人，他们开始工作时收入都不是很高，但是他们从来没有将眼光局限于眼前的利益，而是依然努力工作。在他们看来，他们缺少的不是钱，而是能力、经验和机会。最后当他们事业成功的时候，谁又能衡量得出他们的真正收入是多少呢！正所谓：不计报酬，报酬更多。

　　记者克拉克受命去采访著名的石油大王哈默，他很珍惜这次采访机会，为此做了精心准备。那天，他发挥得很出色，采访大获成功。采访结束后，哈默饶有兴趣地问克拉克："小伙子，你的月薪是多少？"

　　"薪水很低，才一千美元。"克拉克羞涩地回答道。

　　"很好！虽然你现在的薪水只有一千美元，但是，你知道吗，你的薪水永远不止这个数字。"哈默微笑地对他说。克拉克听后，很是疑惑。哈默接着说道："年轻人，你要知道，你今天能争取到采访我的机会，明天也同样能争取到采访其他名人的机会。把钱存进银行是会生利息的。同样，如果你能多多积累这方面的才能和经验，那么你的才能也会在社会的银行里生利息，将来它会连本带利地还给你。"哈默的一番话使得克拉克茅塞顿开。没过几年，克拉克就成为报社的社长。

工作的价值远不只是薪水，因为它只是工作的一种最直接，也是最低级的报酬方式。只为薪水而工作是一种短视行为，受害最深的不是别人，而是你自己。我们要意识到金钱只是埋藏在精神底下的物质因素，它和发展机会的多少，自我实现的几率等才构成衡量薪水高低的标准。

因此，当你工作的时候，你要告诉自己：我要为自己的现在和将来努力工作，不论自己得到的薪水是多还是少。注重才能和经验的积累远比关注薪水的多寡更重要。因为它们是可以创造资产的资产，它们的价值永远超过了你现在所积累的货币资产，是你最厚重的生存资本。

工作不是一个关于干什么事和得什么报酬的问题，而是一个关于生命的问题。工作是人生的一种需要；是为了获得乐趣和成就感；是为了他人与社会；最后才是为了获得自己认为合理的薪水。正是为了成就什么或获得什么，我们才专注于什么，并在那个方面付出精力。从这个本质上说，工作不是我们为了谋生才去做的事，而应是我们用生命去做的事！

看淡结果，享受乐趣

从前，山中有座庙。庙里没有石磨，因此，庙里每天都要派和尚挑豆子到山下农庄去磨。

一天，有个小和尚被派去磨豆子。在离开前，厨房的大和尚交给他满满的一担豆子，并严厉警告："你千万要小心，庙里最近收入很不理想，路上绝对不可以把豆浆洒出来。"

小和尚答应后就下山去磨豆子。在回庙的山路上，他不时想起大和尚凶恶的表情及严厉的告诫，愈想愈觉得紧张。小和尚小心翼翼地挑着装满豆浆的大桶，一步一步地走在山路上，生怕有什么闪失。

不幸的是，就在快到厨房的转弯处时，前面走来一位冒冒失失的施主，撞得前面那只桶的豆浆洒出了一大半。小和尚非常害怕，紧张得直冒冷汗。

当大和尚看到小和尚挑回的豆浆时，当然非常生气，指着小和尚大骂："你这个笨蛋！我不是说要小心吗？浪费了这么多豆浆，去喝西北风啊！"

一位老和尚听闻，安抚好大和尚的情绪，并私下对小和尚说："明天你再下山去，观察一下沿途的人和事，回来给我写个报告，顺便挑担豆子下去磨吧。"

小和尚推卸，说自己连磨豆子都做不成，哪可能既要担豆浆，又要看风景，回来后还要作报告。

在老和尚的一再坚持下，第二天，小和尚只好勉强上路了。在回来的路上，小和尚发现其实山路旁的风景真的很美，远方看得到雄伟的山峰，又有农夫在梯田上耕种。走不久，又看到一群小孩子在路边的空地上玩得很开心，而且还有两位老先生在下棋。这样一边走一边看风景，不知不觉就回到庙里了。当小和尚把豆浆交给大和尚时，发现两只桶都装得满满的，桶里的豆浆一点都没有溢出。

其实，与其天天在乎自己的功名和利益，不如每天在努力学习、工作和生活中，享受每一个过程的快乐，并从中学习成长。

只有真正懂得从生活中寻找人生的乐趣，才不会觉得自己的日子充满压力及忧虑。人生是一个过程，而不仅仅是一个结果。

功到自然成，不急不躁

一个屡屡失意的年轻人千里迢迢来到普济寺，慕名寻到老僧释圆，沮丧地对他说："人生总不如意，活着也是苟且，有什么意思呢？"

释圆静静听着年轻人的叹息和絮叨，末了才吩咐小和尚说："施主远道而来，烧一壶温水送过来。"

不一会儿，小和尚送来了一壶温水。释圆抓了茶叶放进杯子，然后用温水沏了，放在茶几上，微笑着请年轻人喝茶。杯子冒出微微的水汽，茶叶静静浮着。年轻人不解地询问："宝刹怎么用温水泡茶？"

释圆笑而不语。年轻人喝一口细品，不由摇摇头："一点茶香都没有呢。"

释圆说："这可是闽地名茶铁观音啊。"

年轻人又端起杯子品尝，然后肯定地说："真的没有一丝茶香。"

释圆又吩咐小和尚："再去烧一壶沸水送过来。"

又过了一会儿，小和尚提着一壶冒着浓浓白汽的沸水进来。释圆起身，又取过一个杯子，放茶叶，倒沸水，再放在茶几上。年轻人俯首看去，茶叶在杯子里上下沉浮，<u>丝丝清香不绝如缕，望而生津</u>。

年轻人欲去端杯，释圆作势挡开，又提起水壶注入一线沸水。茶叶翻腾得更厉害了，一缕更醇厚更醉人的茶香袅袅升腾，在禅房弥漫开来。释圆这样注了五次水，杯子终于满了，那绿绿的一杯茶水，端在手上清香扑鼻，沁人心脾。

释圆笑着问："施主可知道，同是铁观音，为什么茶味迥异吗？"

年轻人思忖道："一杯用温水，一杯用沸水，冲沏的水不同。"

释圆点头："用水不同，则茶叶的沉浮就不一样。温水沏茶，茶叶轻浮水上，怎会散发清香？沸水沏茶，反复几次，茶叶沉沉浮浮，释放出四季的风韵，既有春的幽静和夏的炽热，又有秋的丰盈和冬的清冽。世间芸芸众生，也和沏茶是同一个道理。若沏茶的水温度不够，想要沏出散发诱人香味的茶水不可能；你自己的能力不足，要想处处得力、事事顺心自然很难。要想摆脱失意，最有效的方法就是苦练内功，提高自己的能力。"

年轻人茅塞顿开，回去后刻苦学习，虚心向人求教，不久就引起了单位领导的重视。

水温够了茶自香，工夫到了自然成。历史上凡有建树的人，往往都是很勤奋、很努力的人。任何一项成就的取得都是与勤奋和努力分不开的。

犹豫，是成功最危险的仇敌

歌德曾经说过：犹豫不决的人，永远找不到最好的答案，因为机遇会在你犹豫的片刻失掉。每天都有成千上万的人亲手将自己辛苦得来的创意扼杀在摇篮里，因为他们不够果断。但是没过多久，这些被否定的构思会一次又一次的出现在他们的脑海里，阴魂不散的折磨他们。

有这样一则寓言：一头驴在两垛青草之间徘徊，刚想吃一垛青草时，却发现另一垛青草看上去更嫩。于是，驴子在两垛青草之间来回选择，最后竟然没吃上一根青草，活活饿死了。驴子饿死，是因为没有草吗？不是，草足够它吃饱的，可它确确实实饿死了。这是因为它把全部的精力花在考虑该吃哪一垛草而实际没有去吃上。

也许有人认为我们人根本不会犯驴子那样的错误，果真如此吗？经常有些大学生毕业时举棋不定，他既想找一份好的工作早点挣钱，又想考研继续深造。他在考研和找工作两者之间徘徊了很久，把自己搞得疲惫不堪，结果既没找到理想的工作，考研也失败了。如果一门心思扑在一个目标上，把找工作的事情抛在一边，肯定不会是这种结果。

当我们面对一些难以取舍的问题时，慎重考虑当然是必要的。但是不能犹豫不决，权衡利弊之后一定要尽快决定。因为一个人的精力和才智是有限的，犹豫徘徊，患得患失，其结果只会浪费生命。

你所遇见的都是有意义的

很多时候，面临挫折，不妨多想想：每个人多遇见的都是有意义的，这个人这件事，会教会你什么告诉你什么。千万不要把精力浪费在抱怨、失意、痛苦上面。

放下失意，从头再来

人生的航船，并非是一帆风顺的，有风平浪静，也有大浪淘天。风平浪静时，不喜形于色，风吹浪打时，不悲观失望，我自岿然不动。只有这样，人生的大船，才能顺利地驶向成功的彼岸。

月有阴晴圆缺，人生也是如此。情场失意、朋友失和、亲人反目、工作不得志……类似的事情总会不经意纠缠我们，此时我们的情绪可能已经跌至低谷。其实，生活中的低谷就像是行走在马路上遇到的红灯一样，不妨把它看作是为了维持我们人生的某种秩序，不妨利用这段时间来做个短暂的休息，放松绷紧的神经，为绿灯时更好地行走打下基础。或许没有这样的红绿灯，或许某个时候，人生的道路就会突然堵车，给我们一个措手不及，让我们无所适从。

古人说"人生得意须尽欢"，而人生失意时也不能停下脚步，也应该积极进取。条条大路通罗马，此路不通，不妨换条路试试，不妨来个情场失意工作补。处在人生的低谷，悲观、痛苦、怨天尤人都没有用，这样只会让自己越陷越深。越是逆境我们越应该保持清醒的头脑和理智，全面认识自己的优点和不足。不妨利用这个机会反省一下，重新认识自己。看到自己的优点，可以抚慰自己那颗受伤的心，让心情归于平静，重新鼓起勇气，走出低谷；发现自己的弱点与缺点，是一种进步，是一种智慧，更是一种超越。

历史上许多伟人，许多有成就者，都有过失意的时候，但他们都能失意不失志，都能做到胜不骄、败不馁。司马迁因李凌一案而官场失意，但他没有被打垮，反而成就了他"史家之绝唱，无韵之离骚"的传世之作。蒲松龄一生梦想为官，可最终也没能如意，但他是幸运的，因为他能及时反省，能及时调转人生的航向。俗话说："朝闻道，夕死可也。"如果他不能及时省悟，便不会有后世留芳的《聊斋志异》问世，他的大名也不会永载史册。美国总统林肯曾有两次经商失败，两次竞选议员失利的经历。但他最终还是得到了成功女神的垂青，成为美国历史上与华盛顿齐名的伟人。试想，如果他在经商失意时不能及时醒悟，不能及时改变方向，那他可能连成功的门都摸不着。

失意并不可怕，只要及时醒悟，可能我们就会从此踏上另外一条通往成功的大道。失意时最忌情绪低落，最忌破罐子破摔的思想。一定想着做点什么帮助自己渡过难关。失意时可以先大哭一场，把失败的苦痛彻底尽快释放出来。痛苦之后必轻松，哭过以后，一定要及时反思，思考自己错在何处，如果还有挽救的余地，那就不要轻言放弃，如果实在是无药可救，自己在这一方面没有什么优势和天赋，那就到了下一步：痛下决心，改弦更张，重新绘制人生的宏伟蓝图。

朋友们，失意并不可怕，只要不失志。只有学会善待失意，才能走出人生的低谷，赢得属于自己的一片天空。

跨越艰难，微笑应对

艰难之于人生，是一份看似黯淡的馈赠，是一杯外苦内甜的佳酿，饮时苦涩难耐，过后才觉荡气回肠。因此，面对艰难我们不必惊慌失措，只要你闭上眼睛，侧耳聆听，便能听到艰难阐释生命的乐章。也许，在艰难的日子里会有泪水溢满眼眶，但只要你微笑着仰望那包容亿万年风霜雨雪的天空，你就能读懂那份旷达，那份宽容，那种蔑视一切的恢弘气势。

仁慈的上帝时常能看到一位农夫在虔诚地祈祷。有一天，上帝终于被农夫的精神所感动，决定趁着到田野散步的机会，看看他到底发生了什么不顺心的事。沿着一路的田地走过来，上帝看到麦子果实累累，感到非常开心。不一会儿，上帝看见了那位农夫。

农夫看到上帝说："仁慈的上帝，这50年来我没停止过祈祷。祈祷年年不要有大风雨，不要有冰雹，不要有干旱，不要有虫害。可是无论我怎么祈祷，总不能样样如愿。您可不可以明年接受我的请求，只要一年的时间，不要大风雨，不要冰雹，不要干旱，不要有虫害？"

上帝回答："原来你是因为这而祈祷。我创造了世界，也创造了风雨，创造了干旱，创造了蝗虫和鸟雀，我创造的世界本是一个和谐的整体，你近年来的收成一直很好呀。如果你一定要这样的话，好吧，明年一定如你所愿。"

第二年，果然没有任何狂风暴雨、烈日与虫害，这位农夫的田地结出许多麦子，比平时多了一倍还不止。可是令农夫没有想到的是，麦穗里竟是空瘪的，没有什么果实，农夫含着眼泪跪下来问上帝："仁慈的主，这是怎么回事，您是不是搞错了什么？"

上帝说："我没有搞错什么，因为你的麦子避开了所有的艰难，对于一粒麦子来说，努力奋斗是不可避免的。一些风雨是必要的，烈日更是必要的，甚至蝗虫也是必要的，经受某些必要的艰难困苦，经历某些可贵的坚持，就会穿越卑微、困境和风雨迎来果实累累。"

艰难原本是生命旅程中一道不可或缺的风景。只因它怪石嶙峋，给行者以突兀之感；只因它厚重深邃，不能承受生命中的肤浅；只因它是通向成功的必经之路，无法承受生命中的艰难，就不可能获得成功。

下面要讲的故事的主人公叫辛蒂。她不同于正常人的地方在于她住在美国一座山丘上的一间特殊的房子里。这间房子不含任何有毒物，完全是以自然物质搭建而成的，里面的人需要由人工灌注氧气，并只能用传真与外界联络。

事情发生在1985年。当时她拿着杀虫剂灭蚜虫，却突然感觉到一阵痉挛，原以为那只是暂时性的症状，谁料到自己的后半生就毁于一旦。杀虫剂内含的化学物质使辛蒂的免疫系统遭到破坏。从此，她对香水、洗发水及日常生活接触的化学物质一律过敏，连空气也可能使她复发支气管发炎。这种"多重化学物质过敏症"是一种慢性病，目前无药可医。

患病头几年，辛蒂睡觉时口水流淌，尿液变成了绿色，汗水与其他排泄物还会刺激背部，形成疤痕。辛蒂所承受的痛苦是令人难以想象的。1989年，她的丈夫吉姆为她盖了一个无毒的空间，一个足以逃避所有威胁的"世外桃源"。辛蒂所有吃的、喝的都得经过选择与处理。她平时只能喝蒸馏水，食物中不能有任何化学成分。多年来，辛蒂看不到美丽的花草，听不到悠扬的声音，感受不到日光的温暖，体会不到轻风的凉爽。她躲在没有任何饰物的小屋里，饱尝孤独之余，还不能大哭。因为她的眼泪跟汗一样，可能成为威胁自己的毒素。

而坚强的辛蒂并未在痛苦中自暴自弃，事实既已如此，自暴自弃只能毁灭自己，她能做的就是不仅为自己，也为所有化学污染物的牺牲者争取权益而奋战。生活在这寂静的无毒世界里，辛蒂却感到很充实。因为不能流泪的疾病，使她选择了微笑。1986年，辛蒂创立"环境接触研究网"，致力于化学物质过敏症病变的研究。1994年她又与另一组织合作，另创"化学伤害资讯网"，提供人们免受化学伤害威胁的资讯。目前，这一资讯网已有5000多名来自32个国家的会员，不仅发行刊物，还得到美国国会、欧盟及联合国的支持。

不能流泪就微笑，看似是无奈的表白，实则是历经磨难后的坦然。人的一生不可能不经历风雨。遇到挫折，不要抱怨生活对自己的苛刻，重要的是用什么样的心态对待人生。在困苦的逆境中把握方向，不懈奋斗，迎接苦难的挑战，自会迎来人生的另一方天地。

怀才不遇，只是一时

每个地方都有"怀才不遇"的人。普遍的行为是牢骚满腹，喜欢批评别人，有时也会露出一副抑郁不得志的样子。和这种人交谈，运气不好的时候，还会被他刻薄地批评一顿。

这种人有的真的是怀才不遇，因为客观环境无法配合，"虎落平阳被犬欺，龙困浅滩遭虾戏"，但为了生活，又不得不屈就，所以痛苦不堪。

难道有才的人都会这样吗？并不是的，虽然有时是千里马无缘见伯乐，但大部分都是自己造成的。因为真正有才的人常常是自视过高，看不起能力、学历比他低的人。可是社会很复杂，并不是你有才就可得其所的，别人看不惯你的傲气，自然而然就会想办法给你点颜色看。至于上司，因为你的才干威胁到他的生存，如果你不适度收敛，又怕别人不知你才干似的乱批评，那么你的上司肯定会压制你，不让你出头。于是你就变成"怀才不遇"了。

另外一种"怀才不遇"的人根本就是自我膨胀的庸才，他之所以没有受到重用，是因为他平庸、无能，而不是别人的嫉妒。但他并没有认识到这个事实，反而认为自己怀才不遇，到处发牢骚，吐苦水。这样的人让人感觉到厌烦。

不管有才或无才，凡是有"怀才不遇"感觉的人都是人见人怕。因为你只要一听他谈话，他就会骂人，批评同事、主管、老板，然后吹嘘他有多本事，多能耐。遇到这种情况，你也只好点头称是，绝不要跟这种人唱反调。

"怀才不遇"感觉越强烈的人，越把自己孤立在小圈圈里，无法参与到其他人群里面。每个人都怕惹麻烦而不敢跟这种人打交道，人人视之为"怪物"，敬而远之。不好的评价一旦传播开来，除非遇到爱惜人才、明白事理的上司大力提拔，否则此人将无出头之日。

不管你才能如何，都有可能会碰上无法施展的时候。但就算有"怀才不遇"的感觉，也不能表现出来，你越沉不住气，别人越把你看得很轻。因此，你首先要做的是：

先评估自己的能力，看是不是自己把自己估计得太高了。如果觉得自己评估自己不是很客观，可以找朋友和较熟的同事替你分析。如果别人的评估比你自我评估还低，那么你要虚心接受。

分析一下为什么自己的能力无法施展，是一时间没有恰当的机会还是大环境的限制？有没有人为的阻碍？如果是机会问题，那只好继续等待；如果是大环境的缘故，那就考虑改变一下现有的环境，寻求更好的发展空间；如果是人为因素，那么可诚恳沟通，并想想是否有得罪人之处，如果是，就要想办法疏通、化解。如果你骨头硬，不肯服软，那当然要另当别论了。

考虑拿出其他专长。有时"怀才不遇"是因为用错了专长，如果你有第二专长，那么可以要求上司给你机会去试试看，说不定就此能走上一条光明之路。

营造更和谐的人际关系，不要成为别人躲避的对象，而要以你的才干积极地去协助其他同事出色地做好工作。但你帮助别人切不可居功，否则会吓跑你的同事。此外，谦虚、客气、广结善缘，这些都将为你带来意想不到的收益。

继续强化你的才干，当时机成熟时，你的才干就会为你带来耀眼的光芒。

总之，不要有"怀才不遇"的感觉，因为这会成为你心理上的负担。只要你卧薪尝胆，迟早会见到人生的曙光。

放下心灵重负，快乐淡定

安徒生有一则名为《老头子总是不会错》的童话故事：

乡村有一对清贫的老夫妇，有一天他们想把家中唯一值点钱的一匹马拉到市场上去换点更有用的东西。老头子牵着马去赶集了，他先与人换得一头母牛，又用母牛去换了一只羊，再用羊换来一只肥鹅，又把鹅换了母鸡，最后用母鸡换了别人的一口袋烂苹果。在每次交换中，他都想给老伴一个惊喜。

当他扛着大袋子来到一家小酒店歇息时，遇上两个英国人。闲聊中他谈了自己赶集的经过，两个英国人听后哈哈大笑，说他回去准得挨老婆子一顿揍。老头子坚称绝对不会，英国人就用一袋金币打赌。三个人于是一起来到老头子家中。

老太婆见老头子回来了，非常高兴，她兴奋地听着老头子讲赶集的经过。每听老头子讲到用一种东西换了另一种东西时，她都充满了对老头子的钦佩。她嘴里不时地说着："哦，我们有牛奶了！""羊奶也同样好喝。""哦，鹅毛多漂亮！""哦，我们有鸡蛋吃了！"

最后，当她听到老头子背回一袋已经开始腐烂的苹果时，她同样不恼不恼，大声说："我们今晚就可以吃到苹果馅饼了！"

结果，英国人输掉了一袋金币。

从这个故事中我们可以领悟到：不要为失去的一匹马而惋惜或埋怨生活。既然有一袋烂苹果，就做一些苹果馅饼好了，这样生活才能妙趣横生、和美幸福，这样，我们才可能获得意外的收获。

事实上，生命有得到，就会有失去，这是再正常不过事情了。倘若我们紧紧抓住失去不放，得到就永远也不会到来。放下失败，抓住成功，就可以让生命重放光彩。而这一切，需要我们有一颗淡泊名利得失、笑看输赢成败的心。个性乐观的人对得失看得很淡，他们认为"得"是劳作的结果，无论劳心劳力，"得"都是心愿的实施，了得了心愿，却难免会失去追求。得到功名利禄的时候，满心喜悦，但同时也失落了沉思与警醒；得到婚姻的时候，爱情的光芒免不了黯淡；得到虚荣的时候，灵魂却在贬值；失去最爱的时候，便是得到永恒的寄托；失去依赖的时候，便得到人生必备的磨砺；失去憧憬的时候，便得到现实的选择。

对得与失的认知，看似平淡，却折射出一种对人生使命的思考，对物质和精神关系的透彻理解。人的一生，就是得与失互相交织的一生。得中有失，失中有得，有所失才能有所得。

心态好，一切都会好

心态是一个人真正的主人，要主宰自己的世界，首先要主宰自己的心态。如果不能控制自己的心态，人生必然会有这样那样的不顺。

忍辱负重又何妨

自尊心过重的人一般性格比较内向，感情脆弱，心理承受能力差。这些人怕当众出丑，受不了周围人的嘲弄和"刺激"，为了在群体中间不显得"另类"，往往硬撑面子，维护自尊。其实，适当地放下自尊，厚点脸皮，更容易让自己更轻松地融入到群体圈子里，不至于成为群体排斥的对象。

性格内向的人的尊严感有时会显得过分的强烈和敏感，你要是能满足其虚荣心和表面上的尊严，即使你对其利益有所侵犯，对方也能够接受。但是如果你出于好心却又言行不慎，冒犯了对方那根敏感的神经，使其面子受损，对方就会怀恨在心甚至是反目成仇。

出丑总会使人感到难堪。但是只有在无数次出丑中才能练就聪明。内向者不敢出丑，也就无法聪明起来。值得赞赏的是那些勇敢的人，即使有时会在众人面前出了丑，还是洒脱地说："这没什么！"这些曾经出过丑的人们在众人面前展示的将是成功的一面，实际上获得的是真正的大面子和尊严。

交际成熟的人往往在形势对自己不利的时候，如在生意失败、人事斗争中落马、在公司受到当权者或上司羞辱排挤时，常常能够沉得住气，抛得开面子和身份，忍辱负重，以期东山再起之时。而过分看重自尊的人碰到这种情形时，往往不懂得忍辱负重的奥妙，常常会顺着自己的情绪来对待处理。被人羞辱了，干脆就和别人打架；被老板骂了，干脆就拍桌子，然后自己走人！这么做或许会"因祸得福""弄拙成巧"，但不能忍辱负重，绝对会对人际关系造成某种程度的不利影响。

这种不能忍辱负重的人不管走到哪里，都不能忍气、忍苦、忍怒，一遇到不利情形时，总是像困兽犹斗一般要发作、要逃避、要抗拒，所以常常是形势还没有好转之前，就先被自己打败了。

生活中不断地会有大大小小的委屈发生着，关键是看你处理它们的态度。如果你因为诸如一句羞辱话而辞职不干，那么你永远也没有机会向他人展示你强大的一面。记住这些屈辱，但是不要被它缠住。

自尊心不能不要，一个连自尊心都没有的人是不会受人尊重的。但是也不能过分看重自尊，那样往往会真正失掉自尊。关键是要弄清楚，如何做才算不失自尊，什么样的自尊可以舍弃，什么样的自尊应当自保。

如果不慎犯了错误，最好的做法是调整心态，尽快承认和改正，并能够从中吸取教训，今后不再重犯类似错误。对待错误，要积极面对，想方设法减少损失，只要处理适当得法，可能不会有损个人形象和威信，无碍大局。

敢于面对、勇于承认自身的错误和缺点，这是智者的心态，也是勇者的行为。从现在开始，检视自己身上的缺点吧！

犯错不可怕，掩饰错误不可取

大学毕业那年，小徐应聘进了一家公司做文秘工作。某日，小徐正在办公室里忙着起草一份文件，老板突然从外边给小徐打来电话，说过一会儿总公司领导要来视察办公环境，且安排的时间非常紧，让小徐把公司所有办公室的门全部打开。

小徐便按老板的话去做。但开到王副总监办公室的门时，小徐好像听到一些动静，他以为里面有人，便错过这间去开下一间了。过了一会儿，老板陪着总公司的领导们来了，一进办公楼，他们便走进一间间办公室，老板热情地介绍各部门情况。来到了王副总监办公室门前时，老板一边推门一边说："王副总监负责全公司的广告策划……"但门没推开，老板略显尴尬，对领导们说："啊，老王没在，我们先看别的办公室吧。"

事后，老板把小徐叫去，问王副总监的办公室为什么没打开。看得出老板有点儿生气。小徐解释道："我去开门时听见屋内有声音，以为王副总监在办公室里。"可老板的表情依然阴沉。

两个月的试用期过后，小徐失去了这份工作。

小徐不知道自己犯了一个比没有打开办公室更为严重的错误，那就是在失误面前不敢承担自己的责任。对老板的询问，小徐的第一句话应该是"这是我的错"，而不应该用"我以为如何如何"来推卸责任。

正确的做法是一旦发现了自己在工作上存在失误，就应当勇敢地承认，即使受到责骂也不过分，因为毕竟是自己的失误给公司造成了损失。但既然问题已经出现，你的勇于承担会换来大家一起为尽量减少损失而共同的努力。

如果因为害怕被追究责任而一味逃避，事情得不到及早解决，酿成的损失可能无法挽回的。

犯错时想极力掩饰是人之常情，每个人都难免有这种心态，但是不要老是以"推诿责任是人性的弱点"为借口宽容自己。勇于承担错误是成功的前提之一，即使所犯的错误微不足道，但逃避的心态也会让你整天患得患失、心力交瘁，而且永远不可能从错误中学习经验，获得成长。更可怕的是，如果正巧被有其他打算的同事发觉了，会为你与成功之间设置障碍。因此，不慎犯错的最佳对策便是勇敢承认。

有一次微软高层开会。比尔·盖茨的发言当中的错误，被他的秘书指了出来，比尔·盖茨立即承认："我错了。"对自己的错误及时承认，对自己的言行举止负责，这也是比尔·盖茨能够凝聚一批聪明人在他周围的原因之一。

而作为一名管理者，不遮掩自己错误的做法一定会起到示范的作用。一位供职于某银行的业务主管，在提及下属犯错时说："我很希望我的下属都有承认错误的勇气。没有人不犯错，包括我自己在内，我不会因为谁犯个小错就全盘改变对他的看法，我比较看重的是，一个人面对错误的态度。"当然，光承认自己的错误是不够的，得提出具体的解决方法，这样不但向上司坦诚认错，同时也展现了你处理问题、修正错误的能力。

心平气和好做事

让自己放轻松，就是心平气和地工作、生活。这种心境是充实自己的良好状态。

我们应该承认，人受了委屈或者憋了一肚子气时，常常需要"释放"怒气。"宣泄"并不奇怪，但是选择什么样的宣泄方式，就显得十分重要。比如，理智者会冷静而从容地调整自己的心态；卤莽者会因其冲动而"莫名其妙"地误伤他人；愚蠢者会莫名其妙地走向极端，甚至采用不可取的自罚形式。

俗语有"宰相肚里能撑船"之说。古人与人为善、修身立德的谆谆教诲警示于世人，一个人若胆量大，性格豁达方能纵横驰骋，若纠缠于无谓鸡虫之争，非但有失儒雅，而且终日郁郁寡欢，神魂不定。唯有对世事时时心平气和、宽容大度，才能处处契机应缘、和谐圆满。

古时有一个妇人，特别喜欢为一些琐碎的小事生气烦恼。她也知道自己这样不好，便去求一位高僧为自己谈禅说道，开阔心胸。

高僧听了她的讲述，一言不发地把她领到一座禅房中，落锁而去。

妇人气得跳脚大骂。骂了许久，高僧也不理会。妇人又开始哀求，高僧仍置若罔闻。妇人终于沉默了。高僧来到门外，问她："你还生气吗？"

妇人说："我只为我自己生气，我怎么会到这地方来受这份罪？"

"连自己都不原谅的人怎么能心如止水？"高僧拂袖而去。

过了一会儿，高僧又问她："还生气吗？"

"不生气了。"妇人说。

"为什么？"

"气也没有办法呀。"

"你的气并未消逝，还压在心里，爆发后将会更加剧烈。"高僧又离开了。

高僧第三次来到门前，妇人告诉他："我不生气了，因为不值得气。"

"还知道值不值得，可见心中还有衡量，还是有气根。"高僧笑道。

当高僧的身影迎着夕阳立在门外时，妇人问高僧："大师，什么是气？"

高僧将手中的茶水倾洒于地。妇人视之良久，顿悟，叩谢而去。

如果长期处于情绪不佳、易动怒的情形之下，对于身体健康，具有绝对性的负面影响。不为小事生气，就要求我们开阔心胸，不要过于计较个人的得失，不要为一些鸡毛蒜皮的事而动辄发火。愤怒要克制，怨恨要消除。

常为小事生气，这样的人活着会很累。与其把自己累得身心疲惫，真不如在现实生活中，用一种"不较真"的方式做事，以平常之心、平静之心对待人生。你会发现事情好做了很多，人生也充满了坦途。

第八章

修养心灵，祛除不好的想法

适时的冥想为心灵减负

冥想时，以自我暗示的方式令自己全身放松。每放松一个部位，便幻想扔掉了心里的不安和焦虑。

冥想其实不难

冥想其实不难，只要你曾经托腮静静想过什么，甚至只要你专注过一片天空，你也就会体验过冥想。

全身放松，做5—10个深呼吸，让自己沉浸在一呼一吸的感觉中。

吸气的时候，尽量深长，试着数数。慢数5—10下，或者更多下，根据肺活量而定。

停顿一下，呼气，将刚才吸入的空气都排出去，数同样多下。

做完这些，是不是感到自己的身体的每个毛孔都在吸收能量，身体也变得轻松了，信心也增强了？

冥想时的着装也有讲究，最好穿着松软的衫裤，因为任何紧束的服饰都会令你在冥想时感到不适。

没错，冥想能够让你充满活力，加强你的专注力，让你的心绪静下来。

找一个不容易被打扰的地方。

利用空闲时间。休息前，或者没人打扰的时候，让身体处在放松的状态下。

坐直，不要躺下，不然容易睡着。挺直脊背，可以想象自己的头被一根绑在天花板上的绳子吊着。

一般没有条件不用盘腿，坐在椅子上也可以。如果盘腿的话，找一个圆形软垫。

如此静坐10来分钟后，身体便不会再有紧绷的感觉。一段时间后，便会明显感觉到思维会更清晰，分析能力提高。

初学者可以用5—10分钟，如果有条件，再慢慢延长。可以一月为期，制定相应的计划。

如果有时候你为自己的处境焦头烂额力不从心的时候，不妨停下来运用冥想的方法，让自己的内心变得强大起来，从而轻松应付一切困难。

让你内心强大的冥想法

深呼吸一下，把注意力集中在自己的身上。设定经过你意识的空间，最好选择比较静谧的空间进行冥想，比如某个高山之上，或者松树林之中。当然，也可以是街头散步，总之你要带着欢快的心态。进入忘我的境界。

呼吸尽量绵长，体会每次呼吸所带来的强大感觉，感受你的肌肉，体验那种处在冥想中的自己的身体，感觉身心的自由。

回想那些让你感受到自豪的事情，比如领奖的时刻。感觉自己变强大的状态，让你的呼吸给身体带来力量，四肢都充满能量，伴随着你的心跳，感觉一切都在你的掌握之中。

继续这种感受，同时回想你获得别人的认可的感觉，以及被信任、欣赏、称赞的时候。让自己放空，完全沉浸在这种冥想中。

继续冥想，自己战胜困难，解出某道题，克服了某个困难，冥想那种感觉，然后感觉自己变强大的感觉。

沉浸在自己强大的感觉中，试着让这种感觉落实，就是觉得现实中你也很强大了。比如，你要完成一个项目，即使有小人使坏，你也无所谓，能处理得当，或者是为了到达某个目的，有很多阻难，你也一定能够克服。试着保持5—10分钟这样的强大感觉，这样的强大不是让你去与人争斗，而是让你的内心世界变得充盈，把麻烦和困难看成过眼烟云。这能够让你在现实中更加自信、坚强，从而真正变得强大。

在日常生活中，你要记住这样的感觉，无论有多么难，试着用这样的感觉帮助自己，你便会觉得一切都是最美好的。

冥想让自己变得专注

你是不是经常会为小事分心，很难集中注意力，或者即使集中了也很快就会走神。

学习没有精神，工作也没有精神，休息也休息不好，只有玩游戏的时候能够专注一会儿。这是为什么呢？

良好的专注力是一个人劈荆斩棘的利器，无论是学习还是工作中都要用上专注力，当然日常生活中也常常要用到。

专注，是冥想所带来的好处。这里专门说一下专注冥想的训练。

找一个舒服一点的姿势，站、坐或者平躺都行，让自己放松，然后，冥想气息在身体中流动。沉浸在冥想中，把注意力集中在呼吸上，放松下来。深深吸一口气，然后平缓呼出，一呼一吸，感觉身体充满放空的感觉，注意力集中在呼吸上。如果是站着则，眼观鼻、鼻观心，尽量不要发出声音，让身体感觉呼吸，你会发觉每个毛孔都在呼吸。

让自己处在一阵空明之中，自我是强大而安全的，自己就是宇宙的中心。专注呼出去的气息，可以绵绵延长到群山峻岭甚至于银河之外。

然后，专注到某个点上，让自己想象一个地方，或者某个人，或者自己的某个优点。每次最好只专注一点。

就这样体验自己的每一次呼吸，从开始到结束，细细体验。想象有一个强大的自己，或者有一个内我在守护着你的内心，一旦你走神就会提醒你说，不能分神。让你的所有杂念都被这个内在的我吸收，或者赶走。然后你只要专注自己的呼吸，专注自己的冥想就好。

让自己在呼吸中感觉自己冥想的处境，不是你的实际处境，比如你冥想高山，你就会感觉到自己在高山之上，那种俯瞰的感觉，一览众山小的感觉，都会慢慢的体验出来。有了这些感觉后，你便会觉得身心愉快，这时一般人都会面带欢愉的表情。你可以进一步激发自己，欢乐、愉快、幸福、安宁的感觉，让这种愉快停留在你身上一段时间，仔细感受。

这个时候，如果身体某个部分有反应，比如说疼、麻，一有疼和麻的感觉，你便试着忽略，或者就如同那个地方是好的一般去冥想，试着不让疼和麻的感觉侵占你的意识。

然后，把整个身体作为一个单位来感觉，从内心到整个身体，自己都是强大的，都是好的，就让这种感觉一步步扩散在整个冥想的空间，甚至于宇宙之中。如果有什么杂念，也和身体上的反应一样试着不去想，试着放空自己，把身体作为一个收发器，体验安宁、幸福的冥想感觉。

这样的冥想，能够一次次增加你的专注力，也能够补充你的身体能量。

用冥想忘掉伤心

据科学研究，冥想能够使人的大脑细胞充满活力，是一种身体的放松和敏锐的警觉性相结合的状态。

如果你心情不好，或者遭遇背叛，你可以发泄，但是如果你不能够舒缓的时候，不妨静下心来做一些冥想。

选好地点，冥想前可以喝点茶，也可以在屋内点一枝香。然后你就可以调整呼吸，进入冥想阶段。

首先，尽量让自己不要那么激动，然后可以想象，现在你遭遇到的事情，其实并不是你人生最糟糕的时候。再退一步想，就算你现在经济和精神上都已经有了损失，你自己还不冷静面对，给自己压力，岂不是让受到损失的自己更加雪上加霜吗？

接着，你可以想象如果你处在对方的立场，会怎么做？即使有人背叛你、打击你，是不是他们的理由能够站住脚。或许理顺思路后，你就会豁然开朗，马上释怀。

然后你接着想想，如果是自己的错，那么懊悔是无用的，只能是想积极的方法去弥补，别太在意其他人的诘难，抛开别人的看法，只管做好自己的事情。这才是解决之道。

当然，有时候痛苦没那么快消失，内心压抑不会很快消除。

这时，你需要改变自己的心态，让自己觉得其他一切都是美好的，一切都是最好的安排，你要感谢你所遇见的一切。

你可以这样激励自己：这样做是有道理的，大家都是喜欢我的，一定能完成的。

你可以每天都锻炼一下这种想法，进入冥想阶段以后，就用感恩、喜乐的心反观自己。用佛教的说法来看，这是可以帮你渡过劫难之河的皮筏。渡过以后，你就可以营造一个有新的内在的自己，也不再有意识的去想解不开的事情了。

这样你便会爱上你自己，一切都会因为爱自己变得好起来的。因为你爱自己，所以伤心的事情，反而只是成长插曲，是你成功的经验值。你会觉得这个世界也充满了关爱、友善，前途一片光明，自己所作所为都能够获得其他人的支持和认同，你的世界永远充满幸福和安宁。你会忘掉所有伤心的事情，并用自己的爱去爱每一个人。

当然，有时候伤心不可避免，你不妨给自己一个准许伤心的时间，比如一小时，或者只是一分钟。然后用冥想的方式告诉自己，这一小段时间过后，你就不会再有伤心事。

坚持一段时间后，你就会越来越乐观，就会对生活和未来充满憧憬和希望。

修养心灵，祛除不好的想法

人生不如意事十之八九，面对不如意的纷繁、挫折、苦难时，若能内心澄清，风淡云轻，坦然面对，那么流年里的欢乐就会多一些。

修养心灵，让你多一份淡定

有个长发公主叫雷凡莎，她头上长着很长很长的金发，长得很美。雷凡莎自幼被囚禁在古堡的塔里，和她住在一起的老巫天天念叨雷凡莎长得很丑。

一天，一位年轻英俊的王子从塔下经过，被雷凡莎的美貌惊呆了，从这以后，他天天都要到这里来，一饱眼福。雷凡莎从王子的眼睛里认清了自己的美丽，同时也从王子的眼睛进而发现了自己的自由和未来。有一天，她终于放下头上长长的金发，让王子攀着长发爬上塔顶，把她从塔里解救出来。

囚禁雷凡莎的不是别人，正是她自己，那个老巫婆是雷凡莎心里迷失自我的魔鬼，她听信了魔鬼的话，以为自己长得很丑，不愿见人，就把自己囚禁在塔里。

其实，人在很多时候不就像这个长发公主吗？人心很容易被种种烦恼和物欲所捆绑。那都是自己把自己关进去的，就像长发公主，把老巫婆的话信以为真，自己认为自己长得很丑，因此把自己囚禁起来。

就是因为自己心中的枷锁，我们凡事都要考虑别人怎么想，把别人的想法深深套在自己的心头，从而束缚了自己的手脚，使自己停滞不前。就是因为自己心中的枷锁。我们独特的创意被自己抹煞，认为自己无法成功；告诉自己，难以成为配偶心目中理想的另一半，无法成为孩子心目中理想的父母、父母心目中理想的孩子。然后，开始向环境低头，甚至于开始认命、怨天尤人。

仔细想想，很多时候，在人生的海洋中，我们就犹如一只游动的鱼，本来可以自由自在地游动，寻找食物，欣赏海底世界的景致，享受生命的丰富情趣。但突然有一天，我们遇到了珊瑚礁，然后自己就不愿再动弹了，并且呐喊着说自己陷入绝境。这，想想不可笑吗？自己给自己营造了心灵的监狱，然后钻进去，坐以待毙。

人的一生的确充满许多坎坷，许多愧疚，许多迷惘，许多无奈，稍不留神，我们就会被自己营造的心灵的监狱所监禁。而心狱，是残害我们心灵的极大杀手，它在使心灵调零的同时又严重地威胁着我们的健康。

巴特先生面临了工作上的瓶颈，他很想突破，但却觉得似乎总是有心无力。于是，他决定找生涯辅导专家为他进行谘商。

他来到了生涯发展中心。辅导老师为他分析了现状及瓶颈产生的原因，也和他共同拟订未来的行动方案，协助他改变目前的困境。

然而，经过了几次的协谈，巴特先生仍然在原地踏步，不论是分析现况或规划未来，在谘商的过程中，巴特先生最常说的一句话就是："我知道……但是……"

我知道我应该要努力走出一条属于自己的路，但是我担心自己的能力不够！

我知道自己最想做的是和艺术有关的工作，但是家人期望我当工程师。

我知道应该要多运动，但是工作实在太忙了，忙得没有时间。

我知道我要改一改自己的脾气，但是个性本来就不容易改变。

虽然是一句话看起来稀松平常，也常被挂在嘴边的话，然而，当我们也成为"巴特族"的一员（因为动不动就"but"），经常讲出这样的话时，就代表我们的思考模式已经习惯地朝向限制性的想法。

限制性的想法像一个无形的牢笼，使人动弹不得，就像一则禅宗公案：一位弟子来到禅师面前，请求师父教他解脱之道，师父问："是谁绑了你？"

弟子纳闷地看了看自己身上，困惑地说："没有人绑我啊！"

禅师笑答："既然没有人绑你，为何要求解脱呢？"

在日常生活中，我们经常不自觉地被一些习惯性的想法所限制，例如：

从来没有人这样做过，还是不要冒险吧！

以目前的状况，绝对不可能完成。

这样做别人会怎么想？

这怎么可能做得到呢？别傻了！

我看不出有什么可能性，不可能会成功的。

我的学历（财力、人力……）不足，还是别妄想了。

心灵的力量是很强大的，尤其是限制性或负面思考，形成了我们的内心对话，而这恰恰阻碍了我们迈向成长与成功的可能性。

用一棵"烦恼树"忘掉所有烦恼

当今社会，生活节奏紧张，生活中的变化总是不可避免地给人们带来种种烦恼。烦恼如果得不到及时排解，淤积于心，往往会影响健康。长期下去，可能引起胃溃疡、高血压、偏头痛和神经衰弱等疾病，甚至会成为癌症的"催化剂"。最致命的是，烦恼也传染。如果把烦恼带回家，家人的心情也会被搞坏，使整个气氛一下子紧张起来。

一个农场主，雇了一个水管工来安装农舍的水管。水管工的运气很糟，头一天，先是因为车子的轮胎爆裂，耽误了一个小时，再就是电钻坏了。最后呢，开来的那辆载重一吨的老爷车趴了窝。他收工后，农场主开车把他送回家去。到了家前，水管工邀请农场主进去坐坐。在门口，满脸晦气的水管工没有马上进去，沉默了一阵子，再伸出双手，抚摸门旁一棵小树的枝桠。

待到门打开，水管工笑逐颜开，和两个孩子紧紧拥抱，再给迎上来的妻子一个响亮的吻。在家里，水管工喜气洋洋地招待这位新朋友。农场主离开时，水管工陪向车子走去。农场主按捺不住好奇心，问："刚才你在门口的动作，有什么用意吗？"水管工爽快地回答："有，这是我的'烦恼树'。我到外头工作，磕磕碰碰，总是有的。

可是烦恼不能带进门，这里头有太太和孩子嘛。我就把它们挂在树上，让老天爷管着，明天出门再拿走。奇怪的是，第二天我到树前去，'烦恼'大半都不见了。"

多么神奇，烦恼也可以挂到树上！相信这个水管工的做法会给我们很大的训示。

栽上一棵"烦恼树"，当我们苦恼的时候，可以向它倾诉，当我们愤怒的时候，可以向它发泄。"烦恼树"是枕边一双倾听的耳朵，可以听到我们的苦诉；"烦恼树"是亲昵的拥抱，可以抚慰受伤的心灵；"烦恼树"又是温暖的微笑……

栽上一棵烦恼树吧，朋友！它不一定在家门前，可以是无形的，栽在心田一角；可以是有形的，像水管工的"烦恼树"一样，可以是向朋友电话里的倾诉，可以是日记本里的宣泄。

美国前总统林肯"永不寄出的信件"，被公认为是消除怒气和烦恼的良方。一次，林肯的一位朋友愤愤不平地向林肯诉说了另一位朋友的无理。林肯听后不平地说："你马上写信去痛骂他，往后不要与他来往。"信写好后，却被林肯拿过来撕了。林肯笑着说："我写过不少这样的信，但从来没有也永远不会寄出去，我们可以尽情地倾诉心中的不快，但没有理由去伤害他人。"这位朋友通过写信，烦恼与怒气已消除了大半，听了林肯的话更是感叹不已。

烦恼人人都有，伟人也不例外。林肯把烦恼通过写信而发泄出来，既获得了心理平衡又不会伤害别人，真是一举两得。最终林肯成为美国历史上最伟大的总统之一。

烦恼是心灵的垃圾，是成功的绊脚石，是快乐生活的病毒。为了美好的明天，为了还心灵一片晴朗的天空，栽上一棵烦恼树吧，朋友！

和心灵对话，把烦忧抛掉

有人问古希腊大学问家安提司泰尼："你从哲学中获得了什么呢？"他回答说："同自己谈话的能力。"

同自己谈话，就是发现自己，发现另一个更加真实的自己。

法国大文豪雨果曾经说过："人生是由一连串无聊的符号组成。"的确，我们生活中的大多数时光都在很普通的日子里度过，有时，看似很正常的生活，感受上却似走进生活的误区：有点儿浑噩，有点儿疲惫，有点儿茫然，有点儿怨恨，有点儿期盼，有点儿幻想。总之，就是被一些莫名其妙的情绪、感受占据了内心的思想、生活，而懒得去理清。

于是，我们总是在冥冥之中希望有一个天底下最了解自己的人，能够在大千世界中坐下来静静倾听自己心灵的诉说，能够在熙来攘往的人群中为我们开辟一方心灵的静土。可芸芸众生，"万般心事付瑶琴，弦断有谁听？"

其实，我们自己，不就是自己最好的知音吗？世界上还有谁能比自己最了解自己的呢？还有谁能比自己更能替自己保守秘密的呢？朋友，当你烦躁、无聊的时候，不妨和自己对对话，让心灵退入自己的灵魂中，使自己与自己亲密接触，静下心来聆听来自己心灵的声音，问问自己：我为何烦恼？为何不快？满意这样的生活吗？我的待人处世错在哪里？我是不是还要追求工作上的成就？我要的是自己现在这个样子吗？生命如果这样走完，我会不会有遗憾？我让生活压垮或埋没了没有？人生至此，我得到了什么、失去了什么？我还想追求什么？……

就这样，在自己的天地里，我们可以慢慢修复自己受伤的尊严，可以毫无顾忌地"得意"，可以一丝不挂地剖析自己。我们还可以说服自己、感动自己、征服自己。有位作家说的一段话很有道理："自己把自己说服，是一种理智的胜利；自己被自己感动了，是一种心灵的升华；自己把自己征服了，是一种人生的成熟。"把自己说服了、感动了、征服了，人生还有什么样的挫折、痛苦、不幸我们不能征服呢？

开阔而清静的心灵空间是美好生活的一部分。

相信我们每个人心中都有一个心灵的避风港。当我们在人生的旅途中走得累了、烦了的时候，不妨走进自己营造的心灵的小屋，安静下来，把琐碎的事情、生活的烦忧暂时抛到九霄云外，静静地、静静地，倾听自己心灵的声音！

祛除不好想法的其他选择

没有人能够一直很快乐，也没有人能够不生气。因为谁都会面临压力，谁都会有情绪不稳定的时候，甚至于也有突如其来的打击……往往有很多人遇到这些事情后，会找到最初的原因就是：自己起初不好的一个想法。

不如意者十之八九，学会创造快乐

常听人说，"心想事成""万事如意"。实际情况却常常相反：心想难以事成，不如意事常有八九，让人变得情绪难定。

喜怒哀乐，人之常情，但是如果不加以调节，让不良情绪长期左右自己，就会有损于健康，甚至使人失去生活的信心。

现代心理医学研究表明，人的心理活动和人体的生理功能之间存在着内在联系。良好的情绪状态可以使生理处于最佳状态；反之，则会降低或破坏某种功能，引发各种疾病。俗话说："吃饭欢乐，胜似吃药。"说的就是良好的情绪能促进食欲，有利于消化。心不爽，则气不顺；气不顺，则病易生。难怪有的生理学家把情绪称为"生命的指挥棒""健康的寒暑表"。

医学专家认为，良好的情绪本身就是良医，人体85%的疾病都可以自我控制。只要心情愉快，神经松弛，余下的15%也不用全靠医生，病人的情绪和精神状态是个不可忽视的重要因素。故而，每个人都应做自己情绪的主人，培养愉快的心情，调节好情绪，提高适应环境的能力，保持乐观向上的精神状态。

保持一颗平常心，做到仁爱、平静、理智、乐观、豁达，不以物喜，不以己悲，想得开、想得宽、想得远，对名利得失采取超然物外的态度，一切顺其自然，处之泰然。把风风雨雨、飞短流长统统置之脑后。对那些不愉快的事情，要拨开迷雾，化忧为喜。因为不管你遇到什么不顺心、不如意的事，如果整日愁眉不展，不但于事无补，反而有损身心健康。

法国作家大仲马说："人生是一串用无数小烦恼组成的念珠，乐观的人是笑着数完这串念珠的。"一个人如果能乐观地对待不如意的事，自然会烦恼自消，愁肠自解。

其实，有很多时候是我们自己给快乐设定了障碍。因此，不妨给自己提一个建议：不要为享乐设定先决条件。

不要对自己说："等我赚到一万美元，我才可以好好享乐。"

不要说："等我上了那架飞往巴黎、罗马、维也纳的飞机，我就高兴了。"

不要说："等我到了60岁退休时，我就能躺在安乐椅上享受日光浴……"

享乐不应该有"假如"等限定条件。

每天的一个基本目标是：你有权自娱，不论你是一位百万富翁或是一个不名一文的流浪汉。

一个脆弱的百万富翁可能会对自己说："如果有人把我的所有积蓄夺去，那就没有人会理我了。"

一个坚强的人可以对自己说："如果债主非得逼我和他捉迷藏不可，那我就借这个机会好好活动活动。"

人世间，并非无烦恼就快乐，亦非快乐就没有烦恼。那么人们能否一生都保持愉快的生活呢？其实你可以运用以下方法创造快乐。

精神胜利法。这是一种有益身心健康的心理防卫机制。在你的事业、爱情、婚姻不尽如人意时，在你因经济上得不到合理对待而伤感时，在你无端遭到人身攻击或不公正的评价而气恼时，在你因生理缺陷遭到嘲笑而郁郁寡欢时，你不妨用阿Q精神调适一下失衡的心理，营造一个祥和、豁达、坦然的心理氛围。

难得糊涂法。这是心理环境免遭侵蚀的保护膜。在一些非原则性的问题上"糊涂"一下，无疑能提高心理的承受能力，避免不必要的精神痛楚和心理困惑。有这层保护膜，会使你处乱不惊，遇烦不忧，以恬淡平和的心境对待生活中的各种紧张事件。

随遇而安法。这是心理防卫机制中一种心理的合理反应。培养自己适应各种环境的能力，遇事总能满足，烦恼就少，心理压力就小。古人云："吃亏是福。"生老病死，天灾人祸都会不期而至，用随遇而安的心境去对待生活，你将拥有一片宁静清新的心灵天地。

音乐冥想法。当你出现焦虑、忧郁、紧张等不良心理情绪时，不妨试着做一次"心理按摩"——音乐冥想"维也纳森林"，坐"邮递马车"……

当然，创造快乐不仅仅只有以上方法，重要的是我们在生活中、工作中要有一种平和、坦然的心理。

控制情绪，不让坏想法逗留

在工作中，我们既有精力旺盛、热情高涨的时候，也有毫无干劲、情绪低落的时候。我们既有因取得成果而喜形于色的时候，也有因被上司责骂而心酸委屈的时候，也有因无法忍受某些事情而怒上心头的时候。

那时那刻的"内心波动"，自然会影响我们的言行举止。内心有些波动并非坏事，但如果波动过大，就容易惹来麻烦。

那么如何控制情绪，不让糟糕的想法影响自己呢？

学会转移。当火气上涌时，有意识地转移话题或做点别的事情来分散注意力，便可使情绪得到缓解。在余怒未消时，可以用看电影、听音乐、下棋、散步等有意义的轻松活动，使紧张情绪松驰下来。

学会宣泄。人在生活中难免会产生各种不良情绪，如果不采取适当的方法加以宣泄和调节，对身心都将产生消极影响。因此，如果你有不愉快的事情及委屈，不要压在心里，而要向知心朋友和亲人说出来或大哭一场。这种发泄可以释放积于内心的郁积，对于人的身心发展是有利的。当然，发泄的对象、地点、场合和方法要适当，避免伤害他人。

学会自慰。当你追求某项事情而得不到时，为了减少内心的失望，可以为失败找一个冠冕堂皇的理由，用以安慰自己，就像狐狸吃不到葡萄就说葡萄酸的童话一样，因此，称作"酸葡萄心理"。

学会意识调节。运用对人生、理想、事业等目标的追求和道德法律等方面的知识，提醒自己为了实现大目标和总任务，不要被繁琐之事所干扰。

学会用语言节制自己。在情绪激动时，自己默诵或轻声警告"冷静些""不能发火""注意自己的身份和影响"等词句，抑制自己的情绪；也可以针对自己的弱点，预先写上"制怒""镇定"等条幅置于案头上或挂在墙上。

学会自我暗示法。估计到某些场合下可能会产生某种紧张情绪，就先为自己寻找几条不应产生这种情绪的有力理由。

学会愉快记忆法。回忆过去经历中碰到的高兴事，或获得成功时的愉快体验，特别就该回忆那些与眼前不愉快体验相关的过去的愉快体验。

适当运用转换环境。处在剧烈情绪状态时，暂离开激起情绪的环境和有关的人、物。

学会幽默化解。培养幽默感，用寓意深长的语言、表情或动作，用讽刺的手法机智、巧妙地表达自己的情绪。

推理比较法。把困难的各个方面进行解剖，把自己的经验和别人的经验相比较，在比较中寻觅成功的秘密，坚定成功的信心，排除畏难情绪。

压抑升华法。不受重用、身处逆境、被人瞧不起、感到苦闷时，可把精力投入某一项你感兴趣的事业中，通过成功来改变自己的处境和改善自己的心境。

认识社会，保持达观态度。古人云："人有悲观离合，月有阴晴圆缺。"确实，人生不如意的事常有之，历史上和现实中没有几件事是圆满的。为几件家中或单位上不顺的事就悲观，情绪低落，甚至厌世，显然是不合适的。实际生活中哪会有十全十美的事呢？

生活中，人人都会遇到许多坎坷和不顺心，平凡人有，名人有，大官者亦有。因此，只要对社会有一个较深刻的了解和认识，想想社会上还有许多人不如自己，你就会坦然了。因此要始终保持达观态度。世上不会有永远美好的事物，今天你身处逆境，情绪不佳，但通过奋斗，你就可能获得成功，受人尊敬。社会是在发展变化着的，人应该适应社会，保持达观态度，对生活、对人生充满信心。

如果条件允许，在情绪低落时，可以去访问孤儿院、养老院、医院、看看世界上除了自己的痛苦之外，还有多少不幸。

当然，也要不断提高自己的认识和修养水平。平常，我们能看到文化素质低的人，不善于控制自己，出口成"脏"。而一个修养高的人，他是无论如何也不会去骂大街的。同时，他也善于控制自己的情绪，并自我调节。因此，提高自己的认识和修养水平，对保持愉快情绪，自我调节好情绪是很有帮助的。

这些方法不仅限于情绪不佳时，也可以是你在顺境得意时，预防自己骄傲的时候用到。"胜不骄、败不馁"，无论什么时候，我们都应适当控制自己的情绪。一个能够控制自己情绪的人，无论怎样都能够称为一个成功的人。

面对压力时，尝试减少工作

简·莫尼克是康涅狄克州一家公司的市场部顾问。她对待压力的观点是：由生活、工作所产生的心理压力是不可避免的现代病之一。对待的方法不应是回避而是正确处理。她常说："主动、正确地去处理各种问题、困难，你得到的回报是快乐和自信；相反，被动应付的做法则会使你疲惫不堪。"

她的有力武器有两件：第一件是周密的工作计划，无论你是选用计算机还是铅笔和纸来做都无关紧要，重要的是用制定计划的方法来保持清醒的头脑，明确先做什么后做什么，哪些是重要的和哪些是次要的……

"那么，每天面对一份如此详尽的工作计划，你不觉得累吗？"当有人这样问她时，她说："噢，不！一点也不！"伴随着轻松的笑声，她亮出了她的第二件"武器"：那就是灵活性。"我的计划本身就具有相当的灵活性，我不仅计划'要做什么'，也计划'可以不做什么'。"简不无幽默地说："比如陪孩子看场足球赛，每月与丈夫出外共进一顿浪漫的晚餐，这些都没写进我的计划里，却是非做不可的，别的事则可以量力而行。记住，'非做不可的事情'不能太多。"

当我们面对繁重的工作压力时，想一想，这真的是非做不可的吗？我们何不像善待他人一样关爱自己呢？

压力是时时存在的，它们更是一种折磨，让人茶饭不思、愁眉不展、胃病常犯。但当一个项目完成之后，再回过头来看时，所有的一切只是一个过程，一段时间。一个过程总会结束，一段时间总会过去，谁也挡不住。所以，压力只是一段时间。把自己该做的都认真做了，时间会给我们一个结果。

幽默是调节身心的妙方

现代社会中，每一个人的生存压力都很大。社会调查表明，很多人由于过大的工作压力，身体一直处于亚健康状态。静下心来问一下自己，已经多久没有开心地笑过了，或许你连自己都不清楚了。这样的生活是不健康的，积极向上的生活是需要幽默和笑声来点缀的。

幽默是最有效的精神按摩方式。如果一个人常处于颓废、沮丧、愁闷的精神状态下，那么疾病缠身的概率要比那些幽默、开朗、愉悦者大得多。所以对于生活压力很大的当代人而言，学会幽默无疑是一个调节身心的有效妙方。

据说美国某些科研机构已经推行幽默疗法，幽默可以使许多患者全身肌肉得到松弛，解除烦恼、内疚、抑郁的心理状态，从而更有利于疾病的治疗。研究表明，幽默可以减轻烦恼带来的郁闷感，减轻病痛带来的痛苦感，有利于调节情绪和消除身心疲劳。

全国最佳健康老人、被誉为"军中不老松"的百岁将军孙毅，是一个极富个性和幽默的老革命将领。在当年的长征路上，按照他的级别，本应配马。但共产国际派来的军事顾问李德却以"孙毅是白军过来的"为由，取消了他的骑马资格。面对如此歧视和不公，孙毅却一笑置之：

"没有了四条腿，我还有两条腿嘛！"就这样，他毫不介意地凭着自己一双铁脚板走完了长征路。每当有人提起这段不愉快的往事时，将军总是豁达地调侃道："我还真要感谢那位李德先生，他使我锻炼了两只脚，为健身打下了基础。"多么幽默而富有大将气魄的情怀。我想孙毅将军之所以能够健康长寿，与他的这种幽默的人生观脱离不了关系。

在人生道路上，令人郁闷的事情常会发生。倘若能够有一颗聪慧的、幽默的心，便可以化郁闷为动力，拥有一个快乐的人生。幽默不是成功者的专利，事实上它可以表现为一种自嘲，表现为一种调侃，表现为一种风趣诙谐的生活态度。它不仅仅对我们自身的心情有益，同时也影响了我们周围的人。

有位年轻人，刚买的一部摩托车便被一场意外撞成了无用的残骸。面对着肇事车，很多人以为他会大骂一顿解解恨，然而这个聪明的年轻人却如此说道："唉，我以前总说，要是有一天能有一辆摩托车就好了。现在我真有了一辆摩托车，而且真的只有一天！"周围的人都笑了，连肇事者也忍不住为这个年轻人的胸怀竖起了大拇指。他没等年轻人张口，便主动掏出了全部赔偿费。

智慧的人都是懂得幽默的。对于这个年轻人而言，车被撞坏已成事实，即使开口大骂也无法挽回，不如以这样一种幽默，既让自己不那么难受，又能轻松地赢得赔偿。事实上，幽默并不神秘，每一个普通人都可以做到。我们要擦亮眼睛，认真体会生活，幽默就在生活的点点滴滴中。

幽默来自于乐观的生活态度和积极的心理状态。一个有幽默感的人必定是一个心理健康的人，他懂得如何以幽默来保持乐观，来打破僵局，来解除敌意，化解尴尬。此外，幽默代表着一种高尚的生活态度，优雅的生活观念。作为一个幽默的人，他不但可以自我消遣，从而排除生活中的各种郁闷、压抑的情绪，而且还能把这种快乐传染给身边的人，从而建立起一种和谐的、健康的生活环境。这都是利于人类健康生存的重要因素。

让我们都尽力去发挥自己的幽默感吧！调节自己的身心，也感染我们快乐的环境。

清空大脑，学会忘记

美国白涅德夫人曾经写过一本《小公主》，里面的主人公莎拉曾经是一个富家女，但由于爸爸突然死去，并破了产，留下她这个十岁的小女孩。从此她的生活从天堂掉到地狱，每天都要干脏活、累活，还要忍受别人的讥讽和嘲笑。但她依然很快乐，并接受了这个事实，幻想有一天幸福会降临，从而忘记了痛苦和屈辱。当我们在面对这样的环境的时候，我们是不是也应该这样呢？

人们总是希望自己活得快乐一点，洒脱一点，可是身处尘世，放眼四周，却常常会有人说自己并不快乐，被一种不可名状的困惑和无奈缠绕着。我们为什么不快乐呢？一个重要的原因就是我们没有学会遗忘。

在我们的日常生活中，在我们的人生路途上，我们所欣赏到、见到的不全是让我们愉悦而开心的风景，我们还会遇到种种的挫折和不幸，有些甚至是致命的打击。因此我们有必要学会遗忘。对于我们来说，遗忘是一种明智的解脱。一次不该有的邂逅，一场无益身心的游戏，一次不成功的使人失魂落魄的恋爱，一场让人丢失进取心的空虚幻想，这些都是我们应该从记忆的底片上必须抹去的镜头。因为我们还在人生路途上行走，我们所追求的事业、目标在前方不远处，我们遗忘是为了使自己更好地赶路，使我们走得更加地轻松。

人们常常为了名利把自己弄得疲惫不堪，为此将他人对待自己的种种误解铭记于心，将别人的轻视耿耿于怀。于是，本打算给自己营造一个轻松愉悦的天地，不料到头是给自己套上一个又一个精神枷锁，心里的那片蓝天在不知不觉中抹上了灰色，伴随着成长的足迹深植于心，在不经意中折磨摧残着自己。这时我们真的需要一点遗忘的精神。忧心忡忡的你不妨到大自然中去体会事物本来的神韵，净化你的心灵，化解你的悲苦，遗忘你应该遗忘的东西。

遗忘在某种程度上也是一种宽容的体现。作为一个普通人，也许你并没有获得人生中所谓的辉煌，也许你遭受了不应有的嘲讽和轻视，但你不必为此而苦恼，你完全可以潇洒地把它们忘掉。因为，你如果为这些烦事所忧，就永远休想获得人生的辉煌。每个人都需要有一个心灵的空间去反思自己。在这个空间里，学会遗忘可以让你感受到自己的空间清澈了许多，让琐事像漂浮物一样远离我们而去，沉淀下来的是我们对生活智慧的领悟。

学会遗忘，这并不是一件容易的事，有许多你想忘也忘不掉的悲伤、痛苦、耻辱，它们是那么的刻骨铭心。我们要以一颗平常心去对待痛苦，既然已经发生了，就应该去接受它，并忘掉它，不要为你的生活添上许多不必要的烦恼。学会遗忘吧，遗忘该遗忘的，留给自己一个清新宁静的生存空间，便会感受到欲上青天揽日月的宽阔心怀。

如果一个人的脑子里整天胡思乱想，把没有价值的东西也记存在头脑中，那他总会感到前途渺茫，人生有很多的不如意，更无快乐可言。

所以，我们很有必要对头脑中储存的东西给予及时清理，把该保留的保留下来，把不该保留的抛弃。用理智过滤去自己思想上的杂质。

只有清空大脑，善于遗忘，才能更好地保留人生最美好的回忆。